과학공화국 생물법정

생물법정

3
곤충

과학공화국 생물법정 3
곤충

ⓒ 정완상, 2007

초판 1쇄 발행일 | 2007년 4월 15일
초판 19쇄 발행일 | 2022년 8월 5일

지은이 | 정완상
펴낸이 | 정은영
펴낸곳 | (주)자음과모음

출판등록 | 2001년 11월 28일 제2001-000259호
주소 | 010881 경기도 파주시 회동길 325-20
전화 | 편집부 (02)324 - 2347, 총무부 (02)325 - 6047
팩스 | 편집부 (02)324 - 2348, 총무부 (02)2648 - 1311
e-mail | jamoteen@jamobook.com

ISBN 978 - 89 - 544 - 1388 - 6 (04470)

과학공화국
생물법정

3
곤충

정완상(국립 경상대학교 교수) 지음

㈜자음과모음

생활 속에서 배우는 기상천외한 과학 수업

생물과 법정, 이 두 가지는 전혀 어울리지 않은 소재들입니다. 그리고 여러분에게 제일 어렵게 느껴지는 말들이기도 하지요. 그럼에도 불구하고 이 책의 제목에는 분명 '생물법정'이라는 말이 들어 있습니다. 그렇다고 이 책의 내용이 아주 어려울 거라고 생각하지는 마세요.

저는 법률과는 무관한 과학을 공부하는 사람입니다. 하지만 '법정'이라고 제목을 붙인 데에는 이유가 있습니다.

이 책은 우리의 생활 속에서 일어나는 여러 가지 재미있는 사건을 다루고 있습니다. 그리고 과학적인 원리를 이용해 사건들을 차근차근 해결해 나간답니다. 그런데 크고 작은 사건들의 옳고 그름을 판단하기 위한 무대가 필요했습니다. 바로 그 무대로 법정이 생겨나게 되었답니다.

왜 하필 법정이냐고요? 요즘에는 〈솔로몬의 선택〉을 비롯하여 생활 속에서 일어나는 사건들을 법률을 통해 재미있게 풀어 보는 텔레비전 프로그램들이 많습니다. 그리고 그 프로그램들이 재미없다고 느껴지지도 않을 겁니다. 사건에 등장하는 인물들이 우스꽝스럽고, 사건을 해결하는 과정도 흥미진진하기 때문입니다. 〈솔로몬의 선택〉이 법률 상식을 쉽고 재미있게 얘기하듯이, 이 책은 여러분의 생물 공부를 쉽고 재미있게 해 줄 것입니다.

여러분은 이 책을 읽고 나서 자신의 달라진 모습에 놀랄 겁니다. 과학에 대한 두려움이 싹 가시고, 새로운 문제에 대해 과학적인 호기심을 보이게 될 테니까요. 물론 여러분의 과학 성적도 쑥쑥 올라가겠죠.

끝으로, 이 책을 쓰는 데 도움을 준 (주)자음과모음의 강병철 사장님과 모든 식구들에게 감사를 드리며 스토리 작업에 참가해 주말도 없이 함께 일해 준 조민경, 강지영, 이나리, 김미영, 도시은, 윤소연, 강민영, 황수진, 조민진 양에게 감사를 드립니다.

진주에서
정완상

목차

제1장 해로운 벌레에 관한 사건 13

제2장 벌, 나비, 거미에 관한 사건 67

비오 변호사

생물법정의 탄생

태양계의 세 번째 행성 지구에 과학공화국이라고 불리는 나라가 있었다. 과학을 좋아하는 사람들이 모여 사는 나라였다. 이웃에는 음악을 사랑하는 사람들이 살고 있는 뮤지오 왕국과 미술을 사랑하는 사람들이 사는 아티오 왕국, 공업을 장려하는 공업공화국 등 여러 나라가 있었다.

과학공화국 국민들은 과학 분야에 따라 물리를 좋아하는 사람들, 생물을 좋아하는 사람들, 화학을 좋아하는 사람들 등 다양했으며, 자연현상을 실생활에 응용하는 것을 목적으로 하는 농학이나 의학을 좋아하는 사람들도 있었다. 또한 사람들은 꼭 한 분야만 좋아한 것은 아니었는데, 생물체 내에서 일어나는 화학 반응을 탐구하는 생화학처럼 생물과 화학의 두 영역을 좋아하는 사람들도 있었다. 과학공화국 국민들은 서로의 분야를 존중하고 언제든지 서로 도움을 줄 수 있는 열린 마음을 가진 선량한 사람들이었다.

그런데 언젠가부터 동물과 식물, 미생물의 생명 현상을 탐구하는 생물을 좋아하는 사람들이 다른 분야의 사람들에 비해 게을러졌다는 소문이 돌기 시작했다. 한번은 농업공화국 아이들과 생물 경시대회를 치렀는데 좋지 않은 성적을 받고 창피스러워했던 적도 있었다. 그도 그럴 것이, 과학공화국 전체가 인터넷으로 연결되면서 아이들이 게임에 중독되어 탐구의 의욕을 잃었을 뿐 아니라, 생명체를 대상으로 하는 생물을 공부하면서 자연에서 자료를 얻는 것이 아니라 인터넷에서 제공되는 자료만을 이용하기 때문이었다.

일상생활에서 역시 문제가 발생하기 시작했다. 과학공화국 국민들의 생물에 대한 이해가 떨어지면서 곳곳에서 끊임없이 분쟁이 벌어졌던 것이다.

과학공화국의 박과학 대통령은 장관들과 이 문제를 논의하기 위해 회의를 열었다.

대통령이 힘없이 말을 꺼냈다.

"최근의 생물 분쟁을 어떻게 처리하면 좋겠소."

법무부 장관이 자신 있게 말했다.

"헌법에 생물 부분을 좀 추가하면 어떨까요?"

대통령이 못마땅한 듯이 대답했다.

"좀 약하지 않을까?"

생물부 장관이 말했다.

"그럼 생물학으로 판결을 내리는 새로운 법정을 만들면 어떨까요?"

대통령은 기뻐하는 얼굴로 흡족해했다.

"바로 그거야. 과학공화국답게 그런 법정이 있어야지. 그래……, 생물법정을 만들면 되는 거야. 그리고 그 법정에서의 판례들을 신문에 게재하면 사람들이 더 이상 다투지 않고 자신의 잘잘못을 가릴 수 있을 거야."

법무부 장관이 약간 불만스러운 듯한 표정으로 물었다.

"그럼 국회에서 새로운 생물법을 만들어야 하지 않습니까?"

생물부 장관이 법무부 장관의 말을 반박했다.

"생물은 우리가 직접 관찰할 수 있습니다. 누가 관찰하든지 같은 구조를 보게 되는 것이 생물이죠. 그러므로 생물법정에서는 새로운 법을 만들 필요가 없습니다. 혹시 새로운 생물 이론이 나온다면 모를까……."

대통령은 새롭게 만드는 생물법정으로 인해 좋은 결과가 있을 것이라고 벌써 확신하는 것 같았다.

"그래, 나도 생물을 좋아하지만 생물의 구조는 참 신비해."

이제 과학공화국에는 생물학적으로 판결하는 생물법정이 만들어졌다.

초대 생물법정의 판사는 생물에 대한 책을 많이 낸 생물짱 박사가 맡게 되었다. 그리고 두 명의 변호사가 선발되었다. 한 사람은 생물학과에서 공부했지만 생물을 잘 모르는 생치였고, 다른 한 사람은 어릴 때부터 '생물 박사'라고 불리던 생물학 천재 비오였다.

과학공화국 사람들은 생물과 관련된 분쟁이 생물법정을 통해 정의롭고 공평하게 해결되리라고 기대했다.

해로운 벌레에 관한 사건

바퀴벌레가 귀에 들어갔어요

벌레는 빛을 좋아한다는데, 손전등을 비춰도
귓속의 바퀴벌레는 왜 나오지 않을까요?

사건속으로

"야호, 내일이면 수학여행이다!"

과학초등학교 6학년들이 수학여행을 가는 하루 전
날. 아침 자습 시간이 끝나자 한 남학생이 만세를
부르듯 팔을 쭉 뻗으며 자리에서 일어났다. 다들 내일 있을 수학여
행에 무엇을 가져갈 것인지 이야기하고 싶어 좀이 쑤신다는 얼굴
들이었다. 이번 여행에서는 동굴과 섬을 탐사할 예정이었다.

교실 한구석에는 장난스런 얼굴을 한 남학생 몇 명이 모여 쑥덕
거리고 있었다.

"그러니까 동굴에서 네가 나이뻐 뒤에 서야 해. 그래서는 자꾸

말을 걸란 말이야."

"나이뼈가 나를 상대해 줄까?"

"그러니까 자꾸 말을 걸란 거잖아. 몇 번 정도는 잘난 척하면서 대답해 줄 거야."

"그래서는?"

"너랑 나이뼈랑 이야기하고 있을 때, 동굴 바닥이 질척거리는 부분이 나오면 내가 뒷자리로 자리를 이동하는 척 신호를 보내면서 살짝 부딪치는 거지. 나이뼈가 중심을 잃을 정도로."

"흐흐흐, 그럼 나이뼈가 넘어져서 옷이 엉망진창이 되어 버리겠네?"

"일이 계획대로 되려면 우리 말고 아무도 몰라야 해, 쉿!"

"정말 재밌겠는걸. 만날 잘난 척하는 나이뼈가 울상을 짓는 얼굴이 기대되는군!"

"쉿, 나이뼈가 온다!"

나이뼈가 쑥덕거리던 남학생들 곁을 지나다 조금 쌀쌀맞게 아는 척을 했다.

"너희들은 쉬는 시간만 되면 모이더라? 선생님이 내 주신 숙제는 다 했어? 하긴, 했을 리가 없지. 보나마나 뻔해."

이때 유난귀가 나이뼈의 말에 짜증스럽다는 듯이 대꾸했다.

"너나 신경 쓰라고! 잘 알지도 못하는 주제에."

나이뼈가 유난귀의 얼굴을 빤히 보며 소리쳤다.

"나나 신경 쓰라고? 흥, 대체 무슨 소리야! 지나가게 길이나 비켜 줘!"

유난귀 때문에 바짝 긴장했던 남학생들이 한숨을 내쉬었다.

서로의 눈치를 보며 나이뼈가 교실에서 나갈 때까지 기다렸다가 유난귀 주위에 모였다.

한 아이가 나무라듯이 말했다.

"야, 유난귀! 너, 입 조심해. 귀만 큰 줄 알았더니, 입도 크다 이 거야? 큰 데다 가볍기까지 한 거 아냐?"

다른 한 아이도 동조했다.

"그래, 그러다가 눈치 빠른 나이뼈가 알게 되면 선생님께 고자질할지도 몰라!"

유난귀가 미안하다는 표정을 지으며 말했다.

"어휴, 미안해! 아까는 내가 잠깐 어떻게 되었나 봐, 미안해."

유난귀는 속으로 기필코 나이뼈의 코를 납작하게 만들고 말겠다고 다짐했다.

랄랄라, 랄랄라.

아이들의 활기찬 노랫소리가 깜깜 동굴 주위를 가득 메웠다.

담임선생이 손을 들어 아이들의 노래를 그치게 하고는 말했다.

"자, 과학초등학교 6학년 6반! 이 동굴은 깜깜 동굴이라고 해요. 우리나라에서 가장 긴 동굴이랍니다. 이제 깜깜 동굴 속으로 들어가 볼 텐데, 위험하니깐 장난치다가 넘어지는 일이 없도록 조심해야 해요. 여기 이분은 동굴을 안내해 줄 분이에요. 이름은 확실해랍니다. 확실해 선생님의 말씀에 따라 주세요. 잘할 수 있죠?"

"네!"

담임선생의 말이 끝나고 확실해 선생의 지휘에 따라 줄을 서면서 유난귀는 살짝 미소를 지었다.

'이제 곧 계획했던 대로 나이뻐를 골려 줄 수 있겠지?'

확실해 선생이 큰 목소리로 말했다.

"남학생과 여학생이 번갈아 한 줄로 서 주세요. 동굴 안이 습하고 바닥이 고르지 못해서 미끄러지면 다쳐요! 담임선생님께서 주의를 준 대로 장난치다가 넘어지지 않도록 조심해 주세요! 그리고 무슨 일이 생기면 바로 저에게 전달해 주세요."

유난귀는 나이뻐의 뒤로 가 섰다.

확실해 선생이 맨 앞에 서고 한 명씩 한 명씩 동굴로 들어가기 시작했다.

유난귀는 친구가 신호를 보내는지 확인하느라 동굴의 벽을 보는 둥 마는 둥 했다. 틈틈이 나이뻐에게 말을 걸었지만 그녀는 딱 한 번 새치름한 얼굴로 뒤를 돌아보았을 뿐이었다.

또 한 번 나이뻐에게 말을 거는 순간, 유난귀가 발밑의 돌부리에 걸려 넘어지고 말았다.

"어, 어, 아악!"

유난귀는 넘어지면서 너무 크게 소리를 지른 것과 나이뻐를 골려 주려다가 되레 자기가 일을 당한 것이 부끄러웠다. 그래서 아무렇지 않은 듯이 얼른 일어났는데, 귀에서 갑작스런 통증이 밀려왔다.

유난귀가 귀를 움켜쥐고 주저앉았다.

"아악! 내 귀, 귀가 아파요!"

앞쪽에서 서둘러 온 확실해 선생이 물었다.

"무슨 일이니? 응?"

나이뻐가 나서서 대답했다.

"조금 전에 돌에 걸려서 넘어졌는데요, 일어나는가 싶더니 갑자기 귀가 아프다면서 다시 주저앉았어요."

확실해 선생이 유난귀에게 다시 물었다.

"귀가 아프다고? 유난귀야, 귀가 어떻게 아프니?"

유난귀가 찡그린 얼굴로 대답했다.

"아, 모르겠어요! 뭔가 꼼지락거리는 것 같아요. 그리고 조금씩 따끔거려요. 아, 아파요!"

확실해 선생이 유난귀의 말을 듣고 뭔가 짚이는 게 있는 듯했다.

"이런, 넘어질 때 벌레가 귀에 들어간 모양이군."

확실해 선생이 손가방에서 손전등을 꺼냈다. '귀에 벌레가 들어갔을 때는 귀 바깥쪽에서 불빛을 비춰라.' 동굴에서 일하면서 익힌 상식이었다.

확실해 선생이 유난귀의 유난히 큰 귀에 손전등을 켜 비추었다.

"조금만 기다려 봐. 이제 곧 괜찮아질 테니까."

하지만 유난귀는 더욱 큰 소리로 비명을 지를 뿐이었다.

"아아! 귀가 너무 아파요! 아악!"

이상했다. 상식대로라면 손전등의 불빛 쪽으로 유난귀의 귀에서 벌레가 기어 나와야 하는데, 벌레는 나오지 않고 유난귀는 더 아프다고 소리를 질렀다.

당황한 확실해 선생이 유난귀를 다독였다.

"귀에 벌레가 들어간 거야. 그럴 때는 이렇게 손전등을 켜서 귀쪽으로 비추면 벌레가 빛을 향해 나오거든. 네 귓속의 벌레도 곧 나올 거야."

하지만 시간이 가도 유난귀의 귀에서는 아무것도 나오지 않았고, 유난귀는 더욱 고통스러워했다.

"아니, 대체 무슨 말씀이세요? 유난귀의 오른쪽 고막이 터졌다고요?"

유난귀가 병원에 있다는 소식을 듣고 부랴부랴 달려온 유난귀의 어머니가 놀란 눈으로 담임선생을 쳐다보았다.

담임선생이 미안한 눈빛을 보내며 설명했다.

"아, 사고가 있었습니다. 깜깜 동굴을 탐사하던 중에 유난귀가 발을 잘못 디뎌 넘어졌는데, 그때 귓속으로 바퀴벌레가 들어갔나 봐요. 사고가 있었을 때 아이들을 안내하던 선생님이 손전등을 이용해 벌레를 유도해 보았지만, 그게 시간이 좀 지나도 나오질 않았답니다. 그래서 병원으로 옮겼는데…… 죄송합니다."

담임선생의 설명을 듣고 난 유난귀의 어머니가 말했다.

"대체 어떻게 그런 일이! 고막이 터질 정도라면 응급조치가 잘못되었던 게 아닐까요?"

담임선생은 뭐라고 대꾸하지 못했다. 그러자 유난귀의 어머니가 조금 흥분된 목소리로 말했다.

"동굴을 안내한 분이 응급조치를 잘못한 게 틀림없어요. 그 응급조치 때문에 시간을 끌었던 게 유난귀의 고막을 터지게 한 걸 거예요. 이대로 가만있을 수는 없어요!"

유난귀의 어머니는 동굴 안내를 담당한 확실해 선생을 상대로 생물 법정에 고소를 했다.

대부분의 벌레는 빛을 좋아하지만 바퀴벌레는 예외입니다.
그러므로 바퀴벌레가 귀에 들어갔을 때는 보통 다른 벌레가
들어갔을 때와는 다르게 메틸알코올이나 올리브유를 넣어 줍니다.

바퀴벌레는 빛에 어떻게 반응할까요?
생물법정에서 알아봅시다.

재판을 시작합니다. 피고 측, 변론하세요.

친애하는 판사님, 여기 유난귀라는 친구의
사진을 제출합니다. 이 사진을 보시면 유
난귀의 모습 중 유독 눈에 띄는 부분이 있을 겁니다. 어떻습
니까?

으흠.

언뜻 보기에 눈에 띄는 부분이 있지 않습니까?

귀가 참 큰 학생이군요.

그렇습니다. 유난귀는 유난히 큰 귀를 가지고 있습니다. 이것
은 그만큼 벌레의 침입이 쉽다는 의미입니다.

귀가 커서 벌레가 잘 들어간다는 말은, 지금까지 셀 수 없이
많은 벌레가 유난귀 학생의 귀를 들락거렸다는 말처럼 들립
니다. 판사님, 주제에서 벗어났다고 생각합니다.

인정합니다. 생치 변호사, 지금 우리는 동굴을 안내하는 선생
님이 잘못된 응급처치를 한 데 대해 책임을 묻기 위한 재판을
진행하고 있습니다. 이것에 대해 또 한 번 설명하지 않도록
주의해 주세요.

잘못된 응급처치라고요?

네, 유난귀 학생에게 행해진 응급처치는 잘못된 거였습니다.

아뇨, 확실해 선생님의 응급처치는 잘못되지 않았습니다. 벌레들은 빛을 좋아합니다. 저 역시 어렸을 적에 개미가 귓속에 들어간 경험이 있는데, 그때 어머니께서 귀에다 손전등을 비추는 응급처치를 해 주셨습니다. 이 응급처치는 옛날부터 있었던 것으로 상식에 속한다고 할 수 있습니다.

생치 변호사의 말이 맞습니다. 벌레들은 빛을 좋아하지요.

그렇다면 무슨 문제가 있다는 거지요?

벌레들은 빛을 좋아하지만, 바퀴벌레만은 예외라는 겁니다.

예?

생치 변호사의 말대로 벌레가 귓속에 들어가면 손전등을 이용해 응급처치를 합니다. 벌레가 빛을 좋아하기 때문이지요. 하지만 바퀴벌레는 빛을 싫어하기 때문에 그런 식으로 할 경우 바퀴벌레는 귓속으로 더 깊숙이 들어가고 맙니다.

순간 재판을 지켜보고 있던 유난귀 어머니와 담임선생의 눈이 커졌다. 분명 깜짝 놀란 듯했다.

바퀴벌레의 그런 특성을 모른 채 응급처치를 했기 때문에 확실해 선생에게 잘못이 있다고 하겠습니다.

으흠, 바퀴벌레는 빛을 싫어한다고요?

네, 그렇습니다. 저는 이 재판이 있기 전에 바퀴벌레에 대한 책을 세 권이나 읽었습니다. 바퀴벌레에 대해 더 설명하자면, 바퀴벌레는 굉장히 빨리 움직입니다. 꽁무니에 더듬이가 있어서 주위의 움직임도 잘 느낄 수 있지요. 모두들 경험해 보았겠지만, 집 안에서 바퀴벌레를 발견했을 때 쉽게 잡을 수 없는 것도 그런 이유에서입니다. 그리고 바퀴벌레가 귀에 들어갔을 때는 머리를 옆으로 기울이고 주사기에 채운 메틸알코올을 넣어 준다고 합니다. 올리브유를 이용하는 방법도 있다더군요.

바퀴

바퀴는 현존하는 날개 달린 곤충 가운데 가장 원시적인 것에 속한다. 바퀴벌레는 따뜻하며 습하고 어두운 장소를 좋아하고 보통 열대나 온화한 기후 지역에서 흔히 볼 수 있다. 먹이는 식품·종이·옷가지·책에서부터 죽은 곤충, 특히 빈대에 이르기까지 매우 다양하다.

그, 그렇군요.

판결을 내리겠습니다. 동굴을 안내한 확실해 선생님께서 바퀴벌레의 습성에 대해 알고 있었다면 그런 응급처치를 하지 않았을 겁니다. 분명 고의가 아니었다는 거지요. 하지만 동굴 안내 같은 생태 탐사와 관련된 일을 하는 분으로서 생물학적 지식이 없다는 것은 잘못으로 인정되어 원고의 손해를 변상해 주어야 한다고 판결합니다.

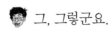

흰개미는 개미가 아니라고?

흰개미는 개미가 아닌 어떤 곤충에서 진화되었을까요?

사건속으로

솔로 씨를 아는 사람들은 누구나 그가 집에 혼자 있는 것을 좋아한다고 말한다. 꼭 외출이 필요한 일이 아니면 절대 집 밖으로 나오지 않고, 약속은 어떤 핑계를 대서라도 피하려고 했기 때문이다.

사건이 일어났던 날 역시 솔로 씨는 집 안에 있었다.

음악을 틀어 놓고 방바닥에 누워 벽과 천장을 훑어보며 기분 좋은 미소를 짓던 솔로 씨는 한쪽 벽에서 흰개미들이 줄을 지어 기어가는 것을 발견했다.

"아니, 저게 뭐야. 흰개미잖아. 이것들이 어떻게 들어온 거지?

도대체 어디서 나타난 거야?"

솔로 씨는 벌떡 일어나 흰개미들이 지나는 길을 유심히 관찰하기 시작했다.

"당장 없애 버려야지. 정말, 어떻게 들어온 거야?"

솔로 씨는 흰개미들을 없애 버릴 마음으로 유심히 들여다보았는데, 그렇게 보고 있으니 보통 개미와는 좀 달라 보였다.

"어라, 좀 달라 보이는데. 개미가 원래 이렇게 생겼었나……."

솔로 씨는 신기하다는 듯이 흰개미들을 관찰했다.

"이렇게 모양도 크기도 다르다니, 신기한걸. 흰개미라고 부른다면 흰색의 개미란 말일 테고, 그렇다면 개미랑 모양이나 크기는 같고 몸 색깔만 희다는 의미일 텐데. 그런데 이것들은 그렇지 않단 말이야. 혹시, 흰개미는 개미가 아닌 걸까?"

솔로 씨는 흰개미를 계속 들여다보면서 곰곰이 생각했다. 그러다 보니 없애 버리겠다고 마음먹었던 처음 생각을 잊고 말았다.

솔로 씨는 얼른 개미학회에 자신이 발견한 흰개미에 대해 알려야겠다고 생각했다.

"와, 근사한 것을 발견한 것 같아. 가만, 이러고 있을 때가 아니지. 우선 개미학회에 먼저 연락을 하는 게 낫겠어. 깜짝 놀랄 만한 발견을 해냈다고 고마워할지도 몰라."

솔로 씨는 당장 개미학회에 전화를 걸었다.

"제가 집에서 발견한 흰개미를 관찰하다가 알게 된 사실이 있는

데요, 흰개미는 개미가 아닙니다."

"예? 무슨 말씀이신지요?"

"말한 대로예요. 흰개미와 그냥 개미는 확실히 다르다니까요."

"……."

개미학회에서는 솔로 씨의 주장에 대해 아무런 대꾸도 하지 않고 전화를 끊어 버렸다. 솔로 씨는 수화기를 내려놓으며 혼잣말을 했다.

"아, 역시 천재는 고독해. 두고 봐! 내 말을 믿지 않은 걸 후회하게 해 주겠어. 나중에 울고불고 해도 소용없을걸."

시간이 지날수록 개미학회의 반응에 화가 치민 솔로 씨는 어떻게든 사실을 밝히고 싶었다.

결국 솔로 씨는 외출을 결심했다. 그날 솔로 씨가 찾은 곳은 생물법정이었다.

흰개미는 일반 개미와 연관성이 없는
바퀴벌레와 비슷한 조상으로부터 진화했습니다.
그러므로 개미와 상관없는 곤충이지요.

흰개미가 개미로 분류되지 않는 이유는
무엇일까요?
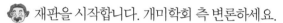
생물법정에서 알아봅시다.

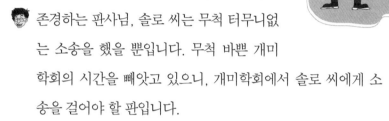

재판을 시작합니다. 개미학회 측 변론하세요.

존경하는 판사님, 솔로 씨는 무척 터무니없
는 소송을 했을 뿐입니다. 무척 바쁜 개미
학회의 시간을 빼앗고 있으니, 개미학회에서 솔로 씨에게 소
송을 걸어야 할 판입니다.

과학공화국에서 생명체에 대한 탐구는 무엇이든 존중받아야
합니다. 그런데 이것을 터무니없다고 몰아세운다면 변호사로
서의 본분을 잊었다고밖에 생각할 수 없습니다.

판사님, 생각해 보십시오. 흰개미는 하얀 개미란 말입니다.
그런데 '흰개미는 개미가 아니다' 라고 하면, 어느 누가 제대
로 된 말이라고 생각할까요?

판사님, 저는 솔로 씨의 말을 뒷받침할 만한 자료를 확보했습
니다. 증인 요청을 허락해 주십시오.

좋습니다. 도리아 씨, 증인석에 앉아 주세요.

가슴께에 '앤트러버' 라고 쓰인 티를 입은 채 도리아 씨가
씩씩하게 증인석에 앉았다.

🧑 도리아 씨, 지금 소속된 곳과 그곳에서 하는 일에 대해 설명해 주세요.

🧑 저는 '앤트러버' 라는 개미를 아끼고 사랑하는 동호회에서 회장으로 있습니다. 우리 동호회는 개미에 대해 공부하고, 인간과 개미가 함께 사는 여러 가지 방법들을 연구합니다.

🧑 그럼, 흰개미도 잘 아시겠군요.

🧑 흰개미는 저희가 연구하는 보통의 개미와 관계없긴 하지만, 혼자서 공부를 하고 있습니다.

🧑 예? 흰개미가 보통의 개미와 관계가 없다고요?

🧑 네, 그렇습니다. 1,900여 종의 흰개미는 대부분 열대지방에 분포되어 있습니다. 뭐, 온대지방에도 많은 대표 종들이 있긴 하지만요.

🧑 아니, 그렇다면 우리 과학공화국에서 흰개미가 발견된 확률은 희박하다는 말씀이신가요? 그렇게 보기 드문 흰개미를 집에만 틀어박혀 있는 솔로 씨가 발견했다니 정말 대단하군요!

🧑 으흠, 원래 흰개미는 남아프리카공화국이나, 뉴질랜드, 북아메리카의 밴쿠버 정도에 분포되어 있지만, 여러 종의 흰개미들이 이미 목제품에 실려 원산지 밖으로 옮겨진 상태입니다.

흰개미

흰개미는 개미와 관계가 없고 현재까지 연구 결과에 의하면 바퀴벌레와 비슷한 조상으로부터 진화한 것으로 알려져 있다.

흰개미는 흔히 해충으로 분류되지만 현재까지 알려 바에 의하면 흰개미의 10%만이 파괴적인 습성을 가지고 있으며, 이들은 대단한 해를 끼친다.

솔로 씨가 발견한 것 역시 그런 경로로 옮겨진 것이라고 생각합니다.

그렇군요. 흰개미에 대해서 좀더 설명해 주시겠습니까?

네, 그러죠. 흰개미는 소형에서 중형의 연한 몸을 가진 곤충입니다. 바퀴벌레와 비슷한 조상으로부터 진화한 듯합니다. 현생 바퀴벌레 가운데 가장 원시적인 크립토케르쿠스족 곤충들이 지닌 특징을 갖고 있거든요. 이것들이 얼마나 오래된 생물이냐면, 이미 알려진 것들 가운데 가장 오래된 흰개미 화석은 백악기(약 1억 3,000만 년 전) 초기의 것으로 알려져 있지만, 그보다 훨씬 더 오래전인 페름기(약 2억 3,000만 년 전) 후기에 나타난 것으로도 추정하고 있습니다. 경계가 뚜렷한 계급 체계의 군집 생활을 하지요.

아이쿠, 설명이 조금 어려운데요.

음, 그러니까 개미와 흰개미는 관련성이 없는 독립적인 벌레들이라는 거지요.

명쾌한 설명 감사합니다. 생치 변호사, 어떻습니까? 아직도 솔로 씨가 말도 안 되는 주장으로 개미학회의 시간을 빼앗고 있다고 생각하시나요?

판결합니다. 흰개미는 개미로 분류되지 않습니다. 모두 이의 없지요?

개미와 볼펜 자국

볼펜으로 낙서를 하면 왜 흰개미가 모여들까요?

심슨이 지금까지 옮겨 다닌 유치원만 해도 벌써 다
섯 곳이다. 아침에 엄마 손을 잡고 유치원에 들어
설 때까지만 해도 심슨은 얌전하고 착한 아이인데,
선생님의 손을 잡고 교실로 들어서는 순간부터 돌변하고 만다. 그
래서 유치원 선생들은 심슨을 돌보는 것을 무척이나 힘들어했다.
심슨이 유치원을 다섯 곳이나 옮겨 다녔던 까닭도 유치원 선생들
이 어렵사리 내린 결정 때문이었다.

심슨과 심슨의 엄마는 지금 여섯 번째 유치원이 될 선샤인 유치
원에 도착했다.

심슨의 엄마가 심슨의 얼굴을 들여다보며 말했다.

"심슨, 이 유치원은 엄마 마음에 쏙 드는구나. 아마 우리 심슨도 마음에 들겠지? 그러니까 선생님들이나 친구들하고도 사이좋게 지낼 수 있을 거야. 자, 그럼 들어가 볼까?"

심슨은 선샤인 유치원의 플라워 반에서 수업하게 되었다. 그런데 플라워 반을 맡은 샤넬 선생은 선샤인 유치원에서 잘 안 치우기로 소문난 사람이었다.

샤넬 선생은 심슨과의 첫 대면에서 살짝 미소만 지었다. 샤넬 선생의 미소가 마음에 들었는지 심슨의 엄마는 안심된다는 표정으로 유치원을 떠났다.

심슨은 샤넬 선생의 안내를 받으며 플라워 반 교실에 들어섰다. 그런데 엄마 옆에서 그렇게 얌전하던 심슨이 갑자기 교실을 정신없이 뛰어다니기 시작했다. 의자를 넘어뜨리고 장난감 더미를 발로 차고 창문의 커튼에 매달렸다.

심슨이 어지른 것들을 치우느라 정신없는 샤넬 선생의 뒤쪽에서 소피의 울음소리가 들렸다.

"앙앙, 제 치마에 껌이 붙었어요."

심슨이 씹던 껌을 소피가 앉는 의자에 뱉어 놓았던 것이다.

샤넬 선생이 소피를 달랬다. 그리고 심슨을 불러 주의를 주었다.

"심슨, 씹던 껌은 휴지통에 버려야 하는 거야. 일부러 그런 건 아니겠지? 다음부턴 조심하렴. 소피에게 먼저 사과하렴."

다음 날, 심슨의 태도는 전날과 다르지 않았다. 샤넬 선생은 다른 원생들을 챙기랴 심슨을 말리랴 어질러진 교실을 치우랴 정신이 없었다.

어디에선가 또 울음소리가 들렸다.

"앙앙, 심슨이 내 초콜릿을 뺏어서 다 먹어 버렸어요."

초콜릿을 빼앗긴 졸리는 샤넬 선생이 아무리 달래도 울음을 그치지 않았다.

샤넬 선생이 심슨을 불러 전날보다 더 엄한 목소리로 말했다.

"심슨, 자꾸 이런 식으로 친구들을 괴롭히면 선생님 진짜 화낼 거야!"

심슨은 샤넬 선생의 꾸지람에 조금 시무룩해지는 듯했다. 하지만 샤넬 선생의 눈길에서 벗어났다고 생각하자마자 볼펜을 들고는 바닥에 낙서를 하기 시작했다.

샤넬 선생이 심슨을 말렸다.

"아니, 너 뭘 하는 거니? 바닥에 낙서를 하면 어떡해!"

샤넬 선생이 아무리 말려도 심슨은 도망 다니면서 계속해서 볼펜으로 낙서를 했다.

며칠 사이 플라워 반의 마룻바닥은 심슨이 낙서한 볼펜 자국으로 가득해졌다. 게다가 몸이 가렵다고 하거나 붉게 부어오른 반점이 생겼다고 이야기하는 아이들도 생겨나기 시작했다. 흰개미에게 물린 것이었다. 갑자기 어떻게 흰개미가 생겨났을까?

흰개미에 대한 소문이 나자 선샤인 유치원에는 원생들이 급격히 줄기 시작했다. 다른 유치원으로 옮겼기 때문이었다.

지금까지 선샤인 유치원에서 흰개미가 발견된 적이 없었기 때문에 원장과 샤넬 선생은 이번 일을 이상하게 생각했다. 그러고는 심슨이 이 유치원에 들어오고 나서부터 이런 일이 생겼다는 결론에 다다랐다.

선샤인 유치원은 심슨 때문에 흰개미가 들끓었다며 심슨의 부모를 고소했다.

흰개미는 보통 개미와 달리 감각력이 떨어지는 편입니다.
그래서 볼펜의 냄새와 페로몬의 냄새를 혼동하는 것이죠.

곤충을 유인하는 물질이 있다고요?
생물법정에서 알아봅시다.

재판을 시작합니다. 피고 측 변론하세요.

아니, 선샤인 유치원에서는 지금 심슨이라
는 고작 6살짜리 꼬마 때문에 유치원에 흰
개미가 생겼다고 주장하는데, 어이가 없을 따름입니다. 개미
가 왜 생기겠습니까? 선샤인 유치원이 청소를 자주 하지 않
아서개미가 꼬인 것을 이렇게 어린아이에게 죄를 씌우다니요.
말이 됩니까?

그냥 개미가 아니잖습니까? 흰개미란 말입니다.

흰개미라고 해도 청소를 자주 했다면 이런 일은 생기지 않았
을 겁니다.

판사님, 제 생각은 다릅니다. 선샤인 유치원에 갑자기 흰개미
가 들끓게 된 데는 분명 심슨의 영향이 있었습니다.

비오 변호사, 이번에는 또 무슨 증거 자료를 찾았기에 그런
억지를 씁니까?

판사님, 증인을 요청하겠습니다. 개미습성연구소 소장이신
앤트 박사님입니다.

허리가 유난히 잘록한 앤트 박사가 또각또각 하이힐 소리
를 내며 증인석으로 걸어가 앉았다.

🧑 앤트 박사님, 바쁘실 텐데 이렇게 와 주셔서 감사합니다. 지
금까지의 재판 과정을 지켜보셨으니 무슨 일이 있었는지 아
실 테지요. 심슨이라는 아이가 들어온 뒤로 있었던 말썽들과
그 뒤에 유치원에 생긴 흰개미 떼들. 그 둘 사이에는 정말 아
무 연관이 없는 건가요?

👩 제 견해를 묻는다면, 분명 흰개미 떼가 생긴 것에는 심슨의
영향이 크다고 말할 수 있습니다.

🧑 뭐라고요?

재판에 참석한 사람들이 모두 피고석에 앉아 있는 심슨을 쳐다
보았다. 심슨은 입을 쭉 내밀고 있어서 마치 심통 난 표정이었다.

🧑 그렇다면 저 어린아이가 흰개미를 불러들였단 말입니까?

👩 음, 제가 조심스럽게 말씀드리는 겁니다만, 심슨이 유치원 교
실 바닥을 볼펜으로 낙서한 것이 가장 큰 원인이었다고 봅니
다. 그게 흰개미들을 불러들였다고 생각합니다.

🧑 예? 볼펜으로 낙서 좀 했다고 흰개미들이 몰려들 것 같으면,
저희 집 아이들은 늘 사인펜으로 바닥을 온통 낙서해 놓는데

저희 집에도 흰개미들이 가득하겠군요, 하하하.

🙂 잘 말씀해 주셨습니다. 볼펜과 사인펜의 차이입니다. 흰개미는 사인펜에는 반응하지 않습니다. 하지만 볼펜에는 반응을 하지요.

😀 무슨 말씀이시죠?

🙂 음, 자세히 설명해 드리죠. 흰개미는 눈이 퇴화되어 앞을 볼 수 없습니다. 그래서 페로몬이라는 것에 의지하지요. 흰개미는 개미와 달리 냄새에 대한 감각력이 무척 떨어지는 편입니다. 그래서 볼펜의 냄새를 페로몬의 냄새로 오해하곤 하지요. 그러니 이 사건에서처럼, 흰개미가 볼펜의 냄새를 페로몬의 냄새로 오해하고 모여들었던 것입니다. 참 신기하게도 흰개미는 펜 중에서 볼펜의 냄새만 페로몬과 혼동한답니다.

😀 생치 변호사, 이래도 심슨이 유치원에 흰개미가 들끓게 한 것과 관계없다고 하겠소?

😀 판결합니다. 이번 사건에 대해 볼펜으로 낙서한 심슨과 그 낙서를 지우지 않고 방치한 유치원 양쪽 모두에 잘못이 있다고 여겨져 쌍방 과실로 판결합니다.

페로몬

페로몬은 개미와 같은 곤충을 불러 모으는 데 사용되는 물질이다. 개미들은 먹이가 있는 곳으로 가는 길에 냄새가 나는 페로몬을 분비하여 다른 구성원들이 먹이를 찾을 수 있도록 한다.

이밖에 페로몬은 위험신호를 보내거나, 곤충들의 교미를 유도하는 역할을 하는 것으로 알려져 있다.

파리와 전자레인지

전자레인지의 전자파로 파리를 죽일 수 있을까요?

사건속으로

도루묵 전자레인지 회사는 세계 제일의 전자레인
지 회사를 목표로 신제품 연구에 열심이었다. 이제
껏 다른 전자레인지 회사들이 생각도 못한 신제품
을 개발하기 위해서였다. 하지만 너무 무리하게 신제품 개발에 힘
을 쏟아서였는지 회사가 진 빚은 나날이 늘어갔다.

결국 도루묵 전자레인지 회사는 개발 중이던 윙윙 전자레인지를
시중에 내놓지 못한 채 부도나 버렸다. 도루묵 전자레인지 회사는
어려움을 극복할 방법을 짜 내다가 개발해 놓은 윙윙 전자레인지
라도 팔아야겠다고 결심했다.

도루묵 전자레인지 회사 사람들은 윙윙 전자레인지를 들고 먼저 시골로 내려갔다. 그들이 제일 처음 도착한 곳은 더미 마을이었다. 이 마을은 옛날부터 파리가 너무 많아 여름마다 고생이 심했다.

도루묵 전자레인지 회사 아뿔싸 부장은 그 점을 이용하면 윙윙 전자레인지를 많이 팔 수 있을 것 같았다.

아뿔싸 부장이 마을 입구에 다음과 같은 현수막을 걸었다.

'파리 죽이는 전자레인지.'

그리고 현수막 아래로 모여든 사람들에게 파리 이야기를 꺼냈다.

"더미 마을 주민 여러분, 파리로 고생이 많으시죠?"

마을 사람 몇 명이 파리로 인한 고충을 털어놓았다.

"어휴, 말로 다 못해요."

"세상에 파리가 얼마나 많은지 집 안이 온통 검은색 반점이라니깐요."

"파리들이 오히려 덤비기까지 한다니까. 아무리 쫓아 버려도 도무지 끈적끈적 붙어 있는 게."

"뭐니 뭐니 해도 밥 먹을 때가 제일 안 좋지, 뭐."

그때 아뿔싸 부장이 한마디 했다.

"이제 그런 걱정은 그만 하셔도 됩니다!"

그러자 마을 사람들이 눈을 휘둥그렇게 하고는 아뿔싸 부장을 쳐다보았다.

아뿔싸 부장이 또 한마디를 했다.

"여러분의 고충을 이 윙윙 전자레인지가 해결해 줍니다!"

마을 주민들이 웅성거렸다.

아뿔싸 부장이 얼굴에 미소를 띠고 설명하기 시작했다.

"어떻게 전자레인지로 파리를 없앨 수 있는지 의아하시겠죠? 지금부터 설명해 드리겠습니다. 자, 우선 전자레인지의 문을 열고 그곳으로 파리를 유인합니다. 그렇게 전자레인지에 파리가 들어가면 문을 닫고 딱 20초, 더도 덜도 말고 딱 20초만 작동시킵니다. 그러면 파리 걱정 끝입니다!"

아뿔싸 부장의 말을 경청하던 마을 사람들은 네모난 상자 안에 파리를 넣으면 파리가 죽는다는 말을 도통 이해할 수 없었다.

마을 회장이 사람들을 대표해서 물었다.

"아니, 저 안에 넣는다고 파리가 죽는다는 말입니까?"

아뿔싸 부장이 대답했다.

"아, 물론입죠! 파리를 넣고 20초만 작동시키면 파리가 모두 타 죽습니다. 집마다 이 전자레인지가 하나씩 있다면 한 달 안에 이 마을에 있는 파리란 파리는 모두 없앨 수 있습니다!"

마을 사람들이 제각각 한마디씩 했다.

"저 각지고 새까맣게 생긴 물건이 파리를 죽인단 말이지……"

"뭐 그렇게 똑 부러지게 생기지도 않은 물건인데, 믿어도 되는 건가?"

"한번 믿어 보는 건 어때? 저 사람 말대로만 된다면 파리 때문에 고생할 일도 이젠 끝 아닌가?"

마을 사람들은 조금 의심스러워하면서도 파리를 없앨 수 있다는 말에 솔깃해서 단체로 전자레인지를 구입했다.

사람들은 아뿔싸 부장이 말했던 대로 파리를 유인해 전자레인지에 넣고 딱 20초를 작동시켰다. 그러고는 작동이 끝났다는 땡, 하는 소리를 듣고 문을 열었다.

그런데 이게 무슨 일인가! 타 죽을 거라던 파리가 멀쩡히 살아 있었다.

마을 사람들은 거짓말을 해 전자레인지를 판 아뿔싸 부장을 가만 두어서는 안 된다고 의견을 모았다.

"이게 뭐야? 타 죽기는커녕 멀쩡하던걸."

"그 사람 사기꾼이야. 우리를 속인 거였어."

회의 끝에 마을 사람들은 도루묵 전자레인지 회사를 생물법정에 고소했다.

전자레인지의 가장자리는 전자파가 잘 미치지 않습니다.
따라서 전자레인지 안에서 20초 동안 날아다니는 파리는
전자파로 잡을 수 없는 것이죠.

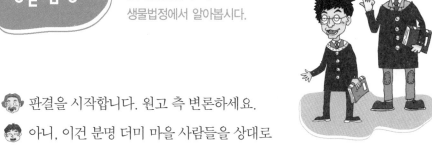

전자레인지 속에 갇힌 파리는 어떻게
살아남았을까요?
생물법정에서 알아봅시다.

판결을 시작합니다. 원고 측 변론하세요.

아니, 이건 분명 더미 마을 사람들을 상대로
도루묵 전자레인지 회사에서 사기를 친 것
입니다. 뻔히 드러날 거짓말을 왜 했는지 좀처럼 이해할 수 없
습니다. 게다가 시골 사람이라고 얕보고 그런 사기를 쳤다고
생각하면 더 엄중한 벌을 받아야 한다고 주장하는 바입니다.

비오 변호사의 말에 절로 고개가 끄덕여지는군요. 그럼, 피고
측 변론하세요.

먼저, 도루묵 전자레인지 회사 측의 입장을 전달하자면, 더미
마을 사람들에게 정말 진심 어린 사과를 드립니다. 도루묵 전
자레인지 회사 측에서는 윙윙 전자레인지의 전자파 정도라면
충분히 파리를 죽일 수 있다고 생각했습니다. 파리가 죽지 않
았다는 사실에 회사 측이 더 의아해하고 있습니다.

으흠, 전자레인지의 전자파라면 꽤 뜨거울 텐데, 그 열에도
파리가 죽지 않았다니 신기하군요.

아닙니다. 전자레인지에 들어간 파리가 죽지 않은 것은 당연
한 결과입니다.

아니, 그렇다면 비오 변호사는 왜 파리가 죽지 않았는지 설명할 수 있다는 말입니까?

전자레인지는 음식물 그릇을 올려놓도록 준비된 판 쪽에 전자파가 집중되게 설계되어 있습니다. 그러므로 전자레인지의 가장자리는 전자파가 잘 미치지 않습니다. 그런데 생각해 보십시오. 파리는 날아다닐 수 있지 않습니까? 전자레인지 속에 갇힌 파리는 아마 전자파가 미치지 않는 가장자리에 달라붙어 있었겠지요. 그랬으니 생각했던 것처럼 타 죽지 않고 살아 있을 수밖에요. 물론 이렇게 파리가 버틸 수 있는 시간은 2분 이내인 것으로 알려져 있습니다. 만일 2분 이상인 경우는 전체적으로 전자레인지 안이 과열되어 파리는 죽습니다. 그러므로 지금처럼 20초 동안만 파리가 머무른 경우는 파리가 죽지 않을 확률이 높습니다.

오호. 비오 변호사, 대단합니다! 파리를 전자레인지로 태워 죽이려면 2분 이상 가두어 두어야 하는군요. 그럼 이번 재판은 양측이 화해하는 것으로 판결을 내리는 게 어떨까요? 전자레인지를 그대로 사용하고 2분 이상 파리를 가두어 파리를 전멸시키는 겁니다. 그러면 서로 불만이 없겠죠? 이것으로 판결을 마칩니다.

모기와 드라이아이스

모기는 사람이 있는 것을 어떻게 알고 피를 빠는 걸까요?

레츠고는 만들어진 지 3년밖에 안 되었지만, 마흔이 넘은 회사원부터 초등학생까지 다양한 나이와 직업의 회원들이 온라인뿐 아니라 오프라인에서도 자주 만나며 활발하게 모임을 갖고 있는 발명 동호회이다.

어느 여름 날, 회원들은 동호회 사무실에서 부채질을 하거나 선풍기 주위에 모여 전날 있었던 정기 모임에서 선보였던 발명품 기획서를 검토하고 있었다. 몹시 더운데다 점심을 먹은 지 얼마 되지 않아서였는지 몇몇은 졸고 있었다.

그때 한 대학생 회원이 제안을 했다.

"우리, 이번 여름에는 사무실을 벗어나 바다라도 다녀오는 것은 어때요?"

부채질을 하고 있던 마흔의 회원이 부채를 내려놓으며 좋은 생각이라고 한마디 했다.

"오호, 그거 좋은 생각인걸. 발명이라면 머릿속에서 생각들이 톡톡 튀어 다녀야 하는데, 지금 같은 날씨로는 찐득거리며 달라붙어 버릴 것 같아. 시원한 바다에라도 다녀오면 기분 전환 겸 괜찮을 것 같은데."

바다 여행을 제안한 대학생 회원 옆에 있던 한 회원이 맞장구를 쳤다.

"아, 바다가 우리를 부르는구나!"

일주일 후, 발명 동호회 레츠고는 바다 여행을 떠났다. 이틀 묵을 예정으로 여행 일정을 잡고 회원들의 의견을 통해 멋진 일몰을 볼 수 있는 바다를 찾느라 꽤 많은 장소에 대해 알아보고 따져 보았던 터였다.

바다에 도착한 레츠고 회원들은 텐트를 치고 각자 짐을 정리한 다음 이른 저녁을 먹었다. 모두 함께 일몰을 보기 위해서였다.

해변에서 즐거운 저녁을 보내고 텐트로 돌아온 회원들은 얼마 떨어지지 않은 곳에 주차한 알록달록한 색으로 페인트칠된 트럭 한 대를 보았다. 대형 아이스크림 모형 아래에는 '아이스크림을 더 오래 맛있게 먹도록 드라이아이스를 넣어 포장해 드립니다' 라는 간판도 있었다. 회원들은 마지막 날 저녁에는 아이스크림으로 달콤한 파티를 열자고 의견을 모았다.

이튿날 아침, 오래간만에 먼 길을 이동하느라 지쳤는지 회원들은 늦잠을 잤다. 아마 갑작스런 소음이 아니었다면 더 게으름을 피우는 회원도 있었을 것이다.

제일 늦게 일어난 회원이 기지개를 켜며 투덜거렸다.

"아, 시끄러워! 누가 감히 이 레츠고 님의 잠을 깨우는 거야?"

레츠고 회원들이 왜 그렇게 시끄러운지 알아보니 임시 아이스크림 가게를 만드느라 나는 소리였다.

레츠고 회원들은 공사에 아랑곳하지 않고 해변으로 나가 게임을 하고 산책을 하며 시간을 보냈다. 그리고 그날 밤에는 짧은 여행을 맺는 의미에서 모닥불을 피우고 아이스크림을 먹으며 도란도란 이야기를 나누고 있었다.

그때 평소에 '공주' 라고 불리는 한 회원이 불평을 했다.

"아, 짜증 나! 몸 여기저기가 모기에 물렸어! 나만 이런 거야?"

건너편에 앉아 있던 한 회원이 짓궂게 말했다.

"야, 안 공주! 그러기에 좀 씻고 다니라고 했잖아."

하지만 몇몇 다른 회원들도 공주처럼 불평을 했다.

"아니야. 조금 이상하긴 해. 갑자기 모기가 많아진 것 같은데."

첫날 밤에 비하면 모기에 물려 가렵다고 호소하는 사람이 많았다. 결국 회원들은 모닥불을 끄고 모기장을 친 텐트로 돌아갔지만, 밤새 모기 때문에 시달렸는지 셋째 날 아침에는 모두 퉁퉁 부은 얼굴을 하고 있었다. 회원들의 팔뚝이나 다리는 밤새 긁어서 생긴 붉은 반점투성이였다.

"어제는 한숨도 못 잤어. 나 좀 봐. 팔뚝이 온통 긁은 자국뿐이야."

"나도 너무 가려워서 긁어 대느라 한숨 못 잤어."

레츠고 회원들은 모기 때문에 즐거운 여행을 망쳐 버렸다고 생각하니 기분이 좋지 않았다. 동호회가 만들어지고 첫 여행이었기 때문에 좋은 추억만 만들고 싶었던 몇몇 회원은 아이스크림 가게 때문에 그렇게 되었다며 불평을 했다. 그리고 여행에서 돌아오자마자 아이스크림 가게를 생물법정에 고소해 버렸다.

모기는 사람이 숨을 쉴 때 나오는 이산화탄소로
사람이 있음을 알아차립니다. 그런데 고체인 드라이아이스는
승화되면서 이산화탄소 기체로 상태가 변합니다.
당연히 모기는 승화되는 드라이아이스에 몰려들게 됩니다.

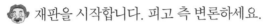

모기와 드라이아이스는 어떤 관계가 있을까요?
생물법정에서 알아봅시다.

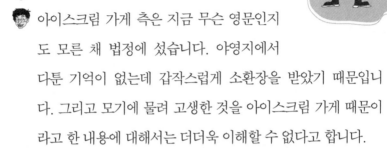

재판을 시작합니다. 피고 측 변론하세요.

아이스크림 가게 측은 지금 무슨 영문인지
도 모른 채 법정에 섰습니다. 야영지에서
다툰 기억이 없는데 갑작스럽게 소환장을 받았기 때문입니
다. 그리고 모기에 물려 고생한 것을 아이스크림 가게 때문이
라고 한 내용에 대해서는 더더욱 이해할 수 없다고 합니다.

으흠, 레츠고 동호회 측에서는 아이스크림 가게를 상대로 한
마디 항의도 하지 않은 채로 고소를 했단 말이군요.

네, 그렇습니다.

으흠, 좋습니다. 그럼 원고 측 변론하세요.

레츠고 동호회에서는 이번 여행이 동호회가 만들어지고 나서
첫 여행이었기 때문에 여러 장소를 알아보고 골라 장소를 정
했습니다. 텐트를 친 곳 역시 꽤 조용하고 깨끗한 곳으로 애
초에는 아이스크림 가게가 없었다고 합니다. 둘째 날 아침 회
원들이 늦잠을 잘 만큼 만족스러웠다고 합니다. 그런데 문제
는 텐트를 친 장소 근처에 임시 아이스크림 가게가 생기고 나
서 발생했던 것입니다.

무슨 문제가 생겼다는 거죠? 아이스크림 가게 측에 의하면, 공사가 있던 오후 동안에도 아무도 시끄럽다고 항의하지 않았다고 합니다. 그것은 레츠고 회원들이 아이스크림 가게를 이웃으로 받아들인 것이라는 의미이지 않습니까? 그런데 갑자기 고소라니요?

문제는 아이스크림 가게가 생기면서 모기가 들끓었다는 점이지요. 말했다시피, 레츠고 회원들의 여행 첫날은 가게가 생기기 전이었고 모기가 그렇게까지 심하지 않았습니다. 그런데 여행 이틀째 날, 아이스크림 가게가 생기고 나서는 모기들로 엄청 고생을 했습니다.

그럼 아이스크림 가게에서 모기를 불러들이기라도 했다는 말인가요?

그렇습니다. 아이스크림을 보존하는 드라이아이스가 원인이었습니다.

언뜻 생각해 보아도 이해할 수 없습니다. 드라이아이스라면 아이스크림이 녹지 않도록 하는 것인데 그것이 모기와 무슨 연관이 있나요?

모기는 사람이 숨을 내쉴 때 나오는 이산화탄소로 사람이 있다는 것을 감지합니다. 그런데 고체인

모기

모기는 어떻게 사람의 피부를 찾아 피를 빠는 것일까? 답부터 먼저 말하면 사람이 내뿜는 열기, 습도, 이산화탄소, 땀에 들어 있는 지방산, 체온 등의 화학물질이 모기를 부른다. 이런 이유로 어른보다는 대사기능이 활발한 어린이가, 병약한 사람보다는 건강한 사람에게 모기가 잘 달려든다.

다른 이야기 하나, 모기의 날개는 몇 장일까? 4장이라고 생각하기 쉽지만 모기의 날개는 2장이다. 모기의 뒷날개는 퇴화되어 하얀 돌기로 바뀌어 몸의 균형을 조절하는 역할을 한다.

드라이아이스는 승화되면서 이산화탄소 기체로 상태가 변하지요. 아이스크림 가게에서 아이스크림을 팔면서 제공한 드라이아이스 때문에 모기가 몰려들었다는 추측이 가능합니다. 게다가 텐트 근처의 아이스크림 가게에는 더 많은 드라이아이스가 있었을 텐데, 거기에서는 더 많은 이산화탄소가 생겼을 것이며 더 많은 모기들이 몰려들었을 겁니다. 그러니 그 아이스크림 가게 근처에 텐트를 친 사람들이 밤새 모기의 공격을 피할 수 없을 테지요.

하지만 아이스크림을 보존하기 위해 드라이아이스를 사용하는 것은 피할 수 없는 일이었습니다. 판사님, 아이스크림 가게 측의 사정도 이해해야 합니다.

판결합니다. 모기가 이산화탄소를 좋아한다는 사실로 보아 이 사건의 원인은 아이스크림 가게 측에 있습니다. 하지만 먼저 동호회 측에서 아이스크림 가게에 항의를 하고 타협을 해 위치를 정했다면 즐거운 여행을 망쳐 버렸다는 생각이 들 정도로 피해를 보지 않았을 것입니다. 앞으로는 동호회에서 과학에 더욱 관심을 갖도록 노력해 주십시오.

파리를 헤어드라이어로?

천장에 붙은 파리가 떨어지지 않는 이유는 무엇일까요?

사건속으로

과학공화국 남쪽에는 '장독대'라는 소문난 식당이 있다. 그 식당에서 파는 한정식을 한번 먹어 본 사람은 꼭 다시 들를 정도로 맛있다고 해서 다른 도시에서까지 찾을 정도였다.

나효자 씨는 '장독대'의 소문을 듣고 며칠 앞둔 아버지의 칠순 잔치를 그곳에서 열어야겠다고 결정했다. 그리고 예약 전화를 하면서 칠순 잔치인 만큼 좀더 신경을 써 달라고 특별히 부탁했다.

나효자 씨의 아버지 칠순 잔칫날, 시골에 사는 아버지와 아버지의 친구들이 전세 버스를 타고 '장독대' 에 도착했다. '장독대' 에는 평소보다 더 많은 사람으로 붐볐고, 그곳에서 일하는 사람들 역시 더 분주하게 움직이고 있었다. 잔치의 흥을 더하기 위해 나효자의 절친한 친구 나웃겨 씨가 사회를 보기로 했다.

나웃겨 씨가 싱글벙글 웃으며 인사말을 시작했다.

"아버님 어머님, 먼 길 오시느라 고생 많으셨죠?"

나웃겨 씨가 한참 동안 유창한 말솜씨를 뽐내며 어르신들을 즐겁게 해 주고 있는데, 언제부터였는지 파리 한 마리가 나웃겨 씨의 얼굴을 맴돌며 떠나지 않았다. 나웃겨 씨가 아무리 손을 휘저어도 소용이 없었다. 나웃겨 씨는 이 파리 때문에 슬슬 짜증스러워지기 시작했다. 나웃겨 씨의 얼굴이 조금 붉어지자 여기저기에서 킥킥 웃는 소리가 새어 나왔다.

그때 웃음을 참으며 컵에 담긴 물을 마시던 한 할머니가 물을 뱉어 내며 한마디 했다.

"아니, 컵 안에 웬 파리여!"

언짢으신 할머니와는 달리 사람들은 소리 내어 웃기 시작했다. 나효자 씨의 아버지가 가장 큰 소리로 웃었다. 그러자 할머니가 톡 쏘아붙였다.

"그만 웃어요. 영감 입에 파리 들어가는구먼! 그렇게 안 씻더니, 자기 잔치 하는 날도 안 씻었나 보네?"

잔치에 모인 할아버지 할머니들이 박장대소를 했다.

나효자 씨의 아버지는 안 씻기로 유명했다. 그래서 파리가 꼬일 때마다 그 탓이 그에게로 돌아갔다.

얼굴이 빨갛게 달아오른 나효자 씨의 아버지는 헛웃음을 웃으며 두 손으로 허공을 휘젓는 시늉을 했다. 앞에서는 여전히 나웃겨 씨가 파리와의 결투를 벌이고 있었다.

하지만 파리 때문에 손을 휘젓는 사람은 세 사람뿐만이 아니었다. 방석 위에, 가방 위에, 테이블 위에 앉아 있는 파리 때문에, 사람들은 음식을 집거나 이야기를 하면서 시종 손을 휘저었다.

나효자 씨가 이런 사정을 놓칠 리 없었다. 공들인 잔치의 흥도 흥이지만, 아버지 친구들에게 흉이라도 잡힐까 걱정이 되었다.

결국 나효자 씨가 식당 주인을 찾았다.

"아니, 홀에 파리가 왜 이리 많은 겁니까? 음식을 먹는 게 겁날 지경이란 말입니다. 소문난 식당이라기에 먼 곳에서 일부러 왔는데 이러면 곤란합니다."

하지만 식당 주인은 나효자 씨의 항의에도 대수롭지 않다는 듯 대꾸했다.

"날아다니는 파리를 난들 어쩌나요? 음식 맛 좋으면, 오늘 대접도 소홀한 게 아니랍니다. 게다가 파리는 어디에나 있는 거라고요!"

나효자 씨는 주인의 성의 없는 대답에 화가 나 몇 번 더 파리에 대해 지적했지만 소용이 없었다. 결국 나효자 씨는 '장독대' 식당의 주인을 상대로 생물법정에 고소했다.

파리는 강한 바람을 감지하면 다리에 있는 끈적끈적한
부분을 이용하여 바싹 붙어 있게 됩니다. 따라서 꼼짝 않고
붙어 있는 파리를 진공청소기로 잡을 수 있습니다.

과학공화국
생물법정 3

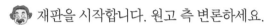
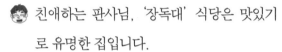

🧑 재판을 시작합니다. 원고 측 변론하세요.

😀 친애하는 판사님, '장독대' 식당은 맛있기
로 유명한 집입니다.

🧑 그거야 익히 소문을 들어서 알고 있지요.

😀 그런데 그런 유명한 식당에서 파리 때문에 음식을 먹기 곤란
했다면 믿으시겠습니까?

🧑 으흠, 음식점에 파리라······.

😀 판사님, 위생에 아무리 신경을 써도 하루 종일 음식을 만드는
곳이다 보니 파리가 없을 수 없습니다.

😀 아니, 그렇다고 파리 때문에 잔치가 엉망이 될 정도라면 분명
문제가 있는 것 아닙니까?

😀 음식 맛이 이상했다는 것도 아니지 않습니까? 파리 때문에 소
송을 낼 정도로 화를 낸다는 것을 더 이해할 수 없습니다.

😀 손님의 항의에 터무니없는 투정이라며 무시하기 전에, 음식
점이라면 좀더 신경 썼어야지요.

😀 아니, 무슨 방법으로 파리들을 없앤단 말입니까?

😀 제가 알기로는, 헤어드라이어와 진공청소기만으로도 예방 조

치를 취할 수 있었습니다.

예?

헤어드라이어와 진공청소기를 이용하는 방법은 이렇습니다. 일단 앉아 있는 파리를 향해 헤어드라이어를 켭니다. 그러면 파리는 앉은 곳에서 꼼짝할 수 없게 됩니다.

파리

파리는 낮에 활동하는 곤충으로 바람이 강한 들판에서도 살아남아야 했다. 이러한 상황에 적응하면서 파리는 바람이 강하게 불 때, 몸을 바닥에 밀착시키면 날아가지 않는다는 사실을 터득했다. 때문에 파리는 강한 바람이 불면 몸을 바짝 엎드려 바닥에 밀착시키고 이는 헤어드라이어의 강한 바람에도 적용된다. 이렇게 꼼짝하지 않는 파리를 진공청소기로 빨아들이면 깔끔하게 파리를 잡을 수 있는 것이다.

아니, 헤어드라이어 바람이 파리를 못 날아가도록 잡을 수 있단 말입니까?

바람이 느껴지면 다리 끝에 있는 끈적 끈적한 욕반을 통해 벽에 붙어 있는 파리의 습성을 이용한 거지요.

그렇다면 진공청소기는 언제 사용하지요?

헤어드라이어로 붙잡은 파리를 진공청소기로 쑥 빨아들이는 겁니다.

이야, 그런 방법이 있었군요.

그러니까 이런 최소한의 노력도 하지 않은 '장독대' 식당의 잘못을 하소연하는 게 당연하지 않습니까?

판결합니다. 아주 간단한 방법으로도 조치할 수 있는데 손님의 불편을 무시해 버린 '장독대' 식당에 잘못이 있다고 판결합니다.

개미

개미는 몸의 길이가 1cm 정도이며 잘록한 허리를 하고 있습니다. 몸은 머리, 가슴, 배로 구분되며 더듬이가 있는데, 더듬이는 첫 번째 마디가 제일 길며 구부러져 있습니다.

공동생활을 하는 곤충으로 대부분의 개미는 가족이나 친척들과 함께 생활합니다. 여왕개미, 일개미인 여왕개미의 딸, 수컷인 수개미로 이루어져 있기 때문에, 모든 일개미들의 엄마가 같다고 할 수 있습니다. 수개미는 짝짓기를 할 시기에만 부화되고 짝짓기가 끝나면 바로 죽습니다.

개미의 천적으로는 가장 대표적인 것이 개미귀신입니다. 개미귀신은 개미지옥으로 개미를 유인하여 잡아먹습니다. 개미귀신은 절구 모양의 집을 짓는데, 그곳에 개미들이 미끄러져 떨어진다고 해서 개미귀신이 사는 집을 개미지옥이라고 부르는 것이랍니다.

과학성적 끌어올리기

파리

긴 관 모양의 입을 가졌습니다. 이 관의 끝은 귓불 모양으로 생겼으며, 음식물을 빨아 먹습니다. 이빨이 없는 대신 혀가 있는데, 혀는 끈적거리는 액체로 뒤덮여 있습니다.

파리의 눈은 수천 개의 렌즈가 모여 이루어진 겹눈과 홑눈 3개가 있습니다.

다리는 몸통 중간에 세 쌍이 있습니다. 이 다리로 천장을 기어 다니는 것을 보면 조금 신기한데, 어떻게 가능할까요? 파리의 다리는 다섯 부분으로 나뉘어져 있고, 잔털이 나 있습니다. 이 잔털을 돋보기로 보면 작은 갈고리 모양이죠. 그리고 파리의 발바닥에는 발톱이 있고 그 아래에는 끈적거리는 용액을 뿜어내는 받침이 있습니다. 파리가 천장을 기어 다닐 수 있는 것은 갈고리같이 생긴 다리의 털과 끈적거리는 받침이 마치 문어나 오징어 다리의 빨판과 같은 역할을 하기 때문입니다.

그렇다면 파리는 왜 쉴 새 없이 다리를 비비는 걸까요? 그건 파리의 다리에는 맛을 느끼는 기관이 있기 있는데 다리털에 먼지 같은 이물질이 묻게 되면 맛을 느끼기가 쉽지 않기 때문에 앞다리나 뒷다리를 비벼서 다리의 털을 깨끗하게 청소해 주는 것이랍니다.

62

바퀴벌레

바퀴 벌레의 몸 색깔은 암수 모두 밝은 황갈색이지만 암놈은 약간 검은색을 띱니다. 암놈은 날개가 배 전체를 덮고 있고, 수놈은 배의 앞부분이 약간 튀어나와 있습니다. 바퀴벌레는 한 마리의 암컷이 1년에 10만 마리까지 번식할 수 있는데, 유충(애벌레)은 보통 성충(어른벌레, 자란벌레)이 될 때까지 여섯 번에서 열두 번 정도 껍질을 벗는답니다. 야행성으로 낮에는 주로 숨어 지내며 좁은 틈새에 몸이 눌리는 것을 좋아합니다. 초당 28cm를 이동할 정도로 재빠릅니다.

바퀴벌레는 집단으로 생활하며 동료의 사체나 배설물부터 사람의 타액 따위까지 먹지 못하는 것이 없습니다. 새로운 음식을 먹을 때면 그전에 먹었던 소화되다 만 음식을 토해 놓기 때문에 식중독이나 알레르기 등 40여 종의 병원균을 옮기는 위험한 해충입니다.

바퀴벌레는 원래 열대지방에 서식하기 때문에 습하고 따뜻한 곳을 좋아하지만 먹이와 물만 있으면 어떤 상황에서도 살 수 있습니다. 예를 들어 물만 있는 경우 24일 동안 살 수 있고, 먹이나 물 등 아무것도 없는 경우에도 8일 동안 살 수 있지요. 몸속에 영양분을 저장해 두기 때문입니다. 3억 5,000만 년 전에 처음 생겨났으며, 화석 속에서 보이는 오래전의 모습과 현재의 모습이 크게 다르지 않아 '살아 있는 화석'이라고 불리는 바퀴벌레가, 공룡 등 지구상 대부분의 생명체를 멸종시킨 빙하기마저 이기고 현재 전 세계 곳곳에서 4천여 종이 활발히 번식하고 있는 것도 그런 까닭일 테지요.

모기

지구상에서 발견된 종만 해도 약 2,500여 개인 모기는, 다른 곤충처럼 머리, 가슴, 배의 세 부분으로 나누어져 있습니다. 몸 전체가 많은 비늘로 덮여 있으며, 머리에는 한 쌍의 더듬이, 한 쌍의 겹눈, 한 개의 아랫입술, 대롱 모양의 입이 있습니다.

모기는 세 쌍의 다리가 있는데 가늘고 길며, 각 다리는 넓적다리마디, 종아리마디, 발목마디의 세 부분으로 되어 있습니다. 첫째 발목마디는 종아리마디와 거의 같거나 더 길고, 다섯째 발목마디 끝에는 한 쌍의 발톱이 있지요.

모기의 날개는 투명한데 날개의 뒤쪽 가장자리에 털 모양의 비늘이 있습니다. 또한 뒷날개 한 쌍은 변형되어 평형감각을 느끼는 역할을 합니다. 배는 여덟 개의 마디로 되어 있습니다.

모기는 알, 유충, 번데기, 성충의 단계를 거칩니다. 알은 물 위에 낳으며, 약 3일 만에 부화되어 유충이 되지요. 유충은 머리, 가슴, 배로 뚜렷이 구분되고, 머리에는 한 쌍의 더듬이, 한 쌍의 겹눈, 입

부분이 갖춰져 있습니다. 유충은 약 7일 동안 네 번 허물을 벗고 번데기가 됩니다. 번데기는 유충과는 달리 머리, 가슴부가 합쳐져 있으며, 물속에서 약 3일이 지나면 성충으로 변합니다. 알에서 성충이 되기까지 약 13일에서 20일 정도 걸리고, 성충의 수명은 1개월에서 2개월 정도입니다.

피를 빨아 먹는 곤충으로, 암컷이 몸속에 있는 알을 키우기 위해 동물성 단백질을 필요로 하기 때문입니다. 피를 빨아 먹을 대상은 동물이 숨을 쉴 때 나오는 이산화탄소나 체온, 습기 등을 느낌으로써 찾는데, 가까운 거리의 대상은 체온이나 습기로 찾고 먼 곳에 있는 대상은 바람에 실려 오는 이산화탄소를 통해 찾습니다.

그렇다면 어떤 사람이 모기에 잘 물릴까요? 운동같이 땀 흘리는 일을 하고 나서 씻지 않고 자는 사람은 호흡량이 많아 이산화탄소도 많이 배출하고 습기도 많고 몸에 열도 많아 모기의 주된 공격 대상이 됩니다. 모기가 죽은 동물을 공격하지 않는 것도 그런 까닭이랍니다.

벌, 나비, 거미에 관한 사건

대모벌과 흑거미

왜 대모벌을 거미의 천적이라고 할까요?

사건속으로

김씨와 이씨는 별난 초등학교 동창이다. 둘은 초등학교 시절부터 줄곧 경쟁을 해 왔는데, 초등학교 1학년 때 이런 일이 있었다.

엄마 손을 잡고 입학하는 초등학교 1학년 꼬마들 사이에서 너무 예뻐 유독 눈에 띄는 여자아이가 있었다. 눈망울이 초롱초롱해서 인지 이름도 박초롱이었다. 김씨와 이씨 모두 초롱이를 처음 본 순간 반해 버렸다.

김씨가 이씨를 보며 말했다.

"초롱이는 내 여자 친구가 될 거야."

이씨 역시 질세라 말했다.

"흥, 꿈도 꾸지 마. 초롱이는 이미 나한테 반했어. 방금 전에도 나랑 눈이 마주쳤는걸."

김씨가 이씨의 말에 대꾸했다.

"네가 너무 신기하게 생겨서 그렇겠지. 두고 봐, 나는 초롱이가 제일 좋아하는 사람이 되고 말 테니까."

초롱이의 마음이 어땠는지 모르지만, 김씨와 이씨는 만나기만 하면 초롱이를 두고 옥신각신 다투었다. 그리고 이런 둘의 경쟁적 관계는 전교 회장 선거에서 결정적으로 크게 터지고 말았다. 김씨와 이씨 모두 후보로 나갔으나 서로를 욕하느라 정작 자신에 대해 잘 홍보하지 못해 둘 모두 선거에서 떨어지고 만 것이었다.

김씨가 이씨에게 화를 내며 말했다.

"언제까지 나만 따라다니면서 괴롭힐 작정이야?"

이씨 역시 질세라 말했다.

"누가 할 소릴 하는 거야? 너만 아니었어도 전교 회장이 되었을 거야!"

둘의 악연은 중학교, 고등학교, 대학교까지 이어졌다. 게다가 공교롭게도 신기한 벌레를 모으는 취미까지 닮아 딱히 좋아하지 않으면서도 서로의 일에 관심을 가질 수밖에 없었다.

날씨가 화창한 어느 날, 이씨가 김씨의 집으로 향했다. 김씨가 아프리카에서 들여온 흑거미를 키우고 있다며 자랑했기 때문이다. 이씨의 손에는 김씨에게 자랑할 대모벌이 들려 있었다.

'나의 대모벌을 보면 흑거미를 자랑하던 그 녀석의 코가 납작해질 거야!'

김씨가 문을 열어 주며 말했다.

"어서 오게나. 나의 사랑스런 흑거미가 보고 싶어 안달이 난 게로구먼?"

김씨의 뻐기는 목소리에 발끈한 이씨가 대답했다.

"자네에게 보여 줄 게 있어서 이리 서둘러 왔다네. 내가 키우고 있는 대모벌일세."

김씨는 이씨가 내미는 대모벌을 힐끗 보더니 말했다.

"흥, 나의 흑거미처럼 우아한 눈을 가진 흑거미는 본 적이 없을걸!"

이씨가 질세라 대꾸했다.

"우아한 눈이라고? 보라고, 이렇게 아름다운 몸체를 한 대모벌은 본 적이 있나?"

둘은 자신들이 키우는 벌레들에 대해 떠드느라 한참을 현관에서 있었다. 김씨는 자신의 흑거미가 아프리카에서 어떤 경로를 거쳐 자기 집까지 왔는지를, 이씨는 어떻게 자신의 대모벌과 처음 만나게 되었는지를 설명하느라 그 사이 무슨 일이 벌어지고 있는지 신경을 쓸 틈이 없을 정도였다.

한참 떠들던 둘이 잠깐 숨을 돌리게 되었을 때 김씨가 말했다.

"들어와서 잠깐만 기다리게나. 내 사랑스런 흑거미를 데려오겠네."

그러나 흑거미를 가지러 방에 들어간 김씨가 외마디 비명을 질렀다.

"으악!"

이씨가 김씨에게 다가가며 물었다.

"무슨 일인가?"

황급히 달려온 이씨가 본 것은 죽어 있는 흑거미였다.

"아니, 죽은 흑거미를 보여 주려고 날 불렀단 말인가?"

김씨는 눈에 눈물을 그렁그렁 매단 채로 말했다.

"세상에, 자네의 대모벌이 나의 흑거미를 죽인 것도 모르겠나?"

이씨가 깜짝 놀라며 화난 목소리로 대꾸했다.

"자네, 제정신이 아니군. 나랑 나의 대모벌을 모함하는 건가?"

김씨가 눈물을 훔치며 대답했다.

"분명 조금 전까지도 멀쩡했다고! 그런데 자네와 자네의 그 잘난 대모벌이 온 뒤에 흑거미가 죽고 말았어! 내 흑거미를 어쩔 텐가?"

둘의 다툼은 또 한참 동안 계속되었다. 결국 이씨가 김씨를 비난하며 집으로 가 버렸고, 화가 난 김씨는 이씨를 생물법정에 고소했다.

거미의 약을 올려 자신에게 덤벼들게 만든 대모벌은
땅에 떨어진 거미에게 침을 놓아 거미를 잡아먹습니다.

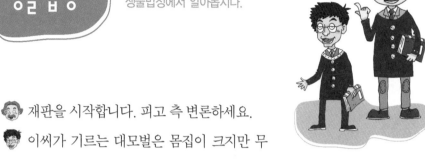

흑거미와 대모벌은 어떤 관계일까요?
생물법정에서 알아봅시다.

재판을 시작합니다. 피고 측 변론하세요.

이씨가 기르는 대모벌은 몸집이 크지만 무척이나 온순한 벌입니다. 그런 대모벌이 거미를 죽였다고 하는 것은 모함이라고밖에 할 수 없습니다. 어렸을 적부터 이씨를 질투하던 김씨가 흑거미의 죽음을 이씨에게 덮어씌운 것입니다.

두 사람의 관계와 상관없이 사건의 정황으로 보아 대모벌이 흑거미를 죽인 것이 확실합니다.

그렇다면, 거미와 벌이 싸워 벌이 이겼다는 말인가요? 몸 크기로 보아서는 거미가 이길 것 같은데요.

이럴 때면 변호사의 이름이 왜 '생치'인지 깨닫게 되는군요.

뭐라고요? 그런 유치한 공격을 하다니, 비오 변호사의 성품이 의심스럽군요!

유치한 공격이 아닙니다. 재판에 임하는 변호사라면 사건을 풀 수 있는 기본적 지식을 가져야 한다고 생치 변호사에게 충고하는 것입니다.

이씨와 김씨는 재판이 진행되는 광경을 보며 속으로 생각했다. 생치 변호사와 비오 변호사 역시 자신들만큼 사이가 좋지 않은 것 같다고.

법정에서 변호사끼리의 다툼은 있을 수 없는 일입니다. 두 변호사 모두 그만 그치고, 사건과 관련된 변론을 해 주세요.

죄송합니다. 제가 이 사건과 관련해 조사한 바에 의하면, 대모벌과 거미의 관계는 그것들을 기르는 이씨와 김씨의 관계만큼이나 안 좋더군요. 천적이라는 연구 결과가 있거든요.

그렇더라도 어떻게 대모벌이 거미를 죽일 수 있죠?

대모벌은 일단 거미의 주위를 날면서 거미의 약을 올립니다. 약 오른 거미가 실을 뿜겠지만 대모벌은 요리조리 잘 피한단 말입니다. 결국 머리끝까지 화난 거미가 대모벌에게 덤벼들 테고, 그러다가 거미는 땅에 떨어지고 맙니다. 그리고 그때를 놓치지 않고 대모벌이 거미의 다리에 침을 놓아 체액을 빨아 먹어 버리는 것이죠.

아, 저런!

그렇다면 이씨의 대모벌이 김씨의 혹거미를 죽인 것이 확실한 셈이군요. 그럼 이것으로 판결을 마칩니다.

대모벌류

거미를 잡아먹으며, 가시가 있는 긴 다리로 빨리 움직일 수 있고 한번 찔리면 심한 통증을 줄 수 있다.
거미를 잡아 침으로 마비시킨 다음, 죽은 거미를 새끼에게 먹인다.

꿀벌이 죽은 것은 말벌 때문이야

말벌 30마리가 꿀벌 3만 마리의 싸움 상대가 될 수 있을까요?

허니 씨는 꿀을 얻기 위해 벌을 치는 양봉업자이다. 허니 씨는 가족의 생계를 꾸리기 위해 양봉을 해 왔지만 꿀벌에 대한 애정도 대단했다. 그만큼 오랫동안 이 일을 해 왔고, 그래서 닦은 노하우가 있어 꽤 많은 돈을 벌 수 있었다. 특히 허니 씨의 아들이 대학에 진학하면서 그의 꿀벌 사랑은 더 깊어졌다.

그러던 어느 날, 열심히 일하고 있는 허니 씨에게 마을의 이장이 찾아왔다.

"이봐 허니, 자네 혹시 그 소식 들었나?"

허니 씨가 이장에게 다가가며 대답했다.

"무슨 소식 말인가요? 저야 며칠씩 여기서 보내고 있으니 소식다운 소식을 들을 겨를이 있나요?"

이장이 말했다.

"글쎄, 우리 마을에 벌을 연구하는 연구소가 생긴대요. 그런데 그 연구소에 가장 먼저 가져다놓을 게 말벌이라는군."

허니 씨가 이장의 말에 깜짝 놀라 되물었다.

"뭐라고요? 말벌이 키워진다는 건가요?"

이장이 전해 준 마을 소식에 허니 씨는 당황했다. 무슨 일을 해서든 말벌을 키우게 하는 일을 막아야겠다고 다짐했다. 그리고 그날부터 허니 씨는 마을 사람들을 만나 설명하고 성명서를 받았다. 이장을 설득해 읍의 관청에 가서 호소를 한 것은 물론이었다.

"꿀벌을 키우는 우리 마을에 말벌을 들여놓다니요. 절대 반대입니다. 보십시오. 성명서도 받았습니다!"

관청 사람이 허니 씨의 설득에 난감해하며 말했다.

"허니 씨의 사정은 알겠습니다. 그렇지만 저희도 어쩔 수가 없습니다. 이미 결정된 일이니까요."

결국 벌 연구소가 마을에 세워졌고, 말벌을 들여오게 되었다. 꿀벌을 보며 항상 방글거리던 허니 씨의 얼굴은 탐탁지 않는 표정으로 변해 있었다. 자신이 꾸리고 있는 양봉장을 더 열심히 왔다 갔다 하는 것밖에 도리가 없었기 때문이다.

어느 날 아침, 허니 씨는 평소처럼 꿀벌들을 둘러보기 위해 일찍 집을 나섰다. 그리고 기가 막힌 광경을 목격했다.

"아악, 일이 터지고 말았어!"

허니 씨는 죽은 꿀벌이 한 가득 든 통을 들고 눈물을 흘렸다.

"그 말벌들이 내 소중한 꿀벌들을 죽이고 만 거야. 벌 연구소라고? 쓸모없는 말벌이나 연구하는 그 따위 연구소, 가만 두지 않겠어!"

꿀벌들을 잃은 허니 씨는 며칠을 앓고 나서 생물 법정을 찾았다. 벌 연구소를 고소하기 위해서였다.

꿀벌과 말벌이 싸우면 꿀벌은 절대 말벌을 이길 수 없습니다.
꿀벌의 침은 말벌의 외피를 통과할 수 없기 때문입니다.

말벌과 꿀벌 중 누구의 힘이 더 셀까요?
생물법정에서 알아봅시다.

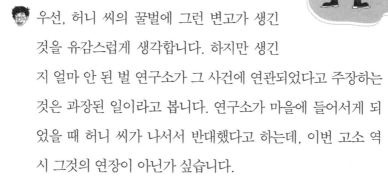

판결을 시작합니다. 피고 측 변론하세요.

우선, 허니 씨의 꿀벌에 그런 변고가 생긴
것을 유감스럽게 생각합니다. 하지만 생긴
지 얼마 안 된 벌 연구소가 그 사건에 연관되었다고 주장하는
것은 과장된 일이라고 봅니다. 연구소가 마을에 들어서게 되
었을 때 허니 씨가 나서서 반대했다고 하는데, 이번 고소 역
시 그것의 연장이 아닌가 싶습니다.

허니 씨는 자신이 기르던 꿀벌이 벌 연구소에서 들인 말벌에
의해 죽었다고 주장하고 있습니다. 이것은 연구소가 마을에
들어오기 전부터 허니 씨가 우려했던 일이기도 합니다. 언뜻
보면 생치 변호사의 생각처럼 허니 씨의 연구소 설치 반대가
연장된 것 같지만, 그 핵심은 말벌과 꿀벌의 자연스런 힘겨루
기에 있습니다.

허니 씨가 연구소 설치를 막은 이유가 말벌이 꿀벌을 죽일 것
을 염려해서였다는 것인가요?

네, 그렇습니다.

좀더 상세한 설명이 필요합니다.

일단 증인을 요청하겠습니다. 허니 씨의 옆집에 사시는 달콤 씨를 증인으로 요청합니다.

달콤 씨가 부끄러워하는 미소를 띤 채 증인석에 앉았다.

달콤 씨에게 몇 가지 질문하겠습니다. 허니 씨의 꿀벌 사랑은 꽤 오래되었다지요?

저와 허니는 죽마고우여서 잘 압니다. 집안 사정으로 중학교에 가지 못하게 되자 허니가 양봉을 시작했습니다. 뭘 알고 시작한 것은 아니었습니다. 줄곧 독학으로 꿀벌을 키워 왔지요. 하지만 허니의 양봉업은 꽤 자리를 잡았습니다. 아들 대학 학비까지 댈 정도입니다.

자세한 이야기 감사합니다. 제가 드릴 또 하나의 질문은, 듣자 하니 허니 씨의 꿀벌이 변을 당하던 날 말벌 몇 마리를 보았다고요?

네, 지금까지 우리 마을에서 볼 수 없던 벌이었습니다. 벌 연구소에 말벌을 들였다는 말을 들었던 터라 그 벌이 말벌일 것이라고 생각하고 오랫동안 신기하게 들여다보았습니다.

양봉 꿀벌

여기에는 꿀을 만드는 벌 모두가 포함된다. 양봉 꿀벌은 예리한 시력과 함께 예민하게 냄새를 감지할 수 있는 2개의 더듬이를 가지고 있다. 모든 꿀벌은 둥지나 벌통에서 함께 계급이 있는 사회생활을 하며, 덜 발달한 암컷인 일벌, 일벌보다 큰 여왕벌, 일벌보다 크고 이른 여름에만 볼 수 있는 수벌 3가지 계급으로 나뉜다.

네, 감사합니다. 자리에 돌아가 앉으셔도 좋습니다.

설마 말벌 몇 마리가 그 많은 꿀벌을 모두 죽였다고 말하려는 것은 아니겠지요?

아닙니다. 말벌 몇 마리가 그 많은 꿀벌을 죽였습니다.

비오 변호사, 말도 안 되는 소리예요!

아닙니다, 말이 됩니다. 꿀벌은 말벌의 상대가 안 됩니다. 꿀벌은 말벌을 상대로 침을 쏘지만 그 침은 말벌의 외피를 통과할 수 없습니다. 그리고 꿀벌은 침을 쏘아 버렸으니 죽는다고도 하고, 말벌이 꿀벌의 머리통만 한 턱에 달린 입으로 꿀벌의 목을 사정없이 잘라 버린다고도 합니다. 말벌은 꿀벌의 알이나 유충을 자신의 유충에게 먹이기도 합니다.

정말 무시무시한 말벌이군요.

비오 변호사의 변론으로 재판의 판결만 내린 것이 아니라, 새로운 지식도 얻게 되었습니다. 또한 생물 연구가 왜 필요한지, 얼마나 조심스럽게 이루어져야 하는지 다시 한번 생각해 볼 기회가 되었다고 생각합니다.

거미가 곤충이라고요?

곤충으로 분류되기 위한 조건은 무엇일까요?

사건속으로

과학공화국에서 가장 인기 있는 프로그램은 〈일요 어린이 퀴즈 대회〉였다. 이 프로그램은 어린이들뿐 아니라 어른들에게도 인기가 있었는데, 출연자들의 대답이 엉뚱하기도 했지만 유난히 재치 있어서였다. 퀴즈는 네 단계로 난이도에 차등을 두었는데, 난센스와 생활 상식으로 시작해서 학교 교과서 위주의 문제로 조정되어 갔다.

그런 인기 프로그램이 100회를 맞았다. 〈일요 어린이 퀴즈 대회〉를 진행하는 방송사에서는 100회 특집 왕중왕전을 준비했다. 역대 퀴즈 왕들이 모여 지식을 뽐내는 대회였다.

처음에는 10명의 어린이가 출연했고, 프로그램이 막바지에 달하자 그들 중 최종 2명의 어린이가 남았다. 한 명은 브라운, 한 명은 메기였다.

　사회자가 흥분된 목소리로 말했다.

　"자, 이제 왕중왕전의 결승을 앞두고 두 명의 어린이가 남았습니다! 둘 중 누가 왕중왕이 될 것인지, 흥미진진한 순간입니다."

　방청석에서 사회자의 말에 호응하며 환호성을 터뜨렸다. 그리고 브라운과 메기를 응원하는 각각의 응원전이 이어졌다.

　"브라운 파이팅!"

　"퀴즈의 최강자, 메기! 메기, 메기, 파이팅!"

　두 사람을 응원하는 목소리가 점점 커지고, 분위기는 한껏 활기차졌다.

　아나운서가 침착한 말투로 마지막 문제를 냈다.

　"왕중왕을 가려 낼 마지막 문제입니다. 다음 설명을 잘 듣고, 곤충의 이름을 말하시오. 머리와 몸이 하나로 붙어 있고 배는 따로 떨어져 있으며, 다리는 네 쌍이고 눈이 8개이며 궁둥이에서 실이 나옵니다."

　메기가 얼른 손을 들었다.

　"메기!"

　브라운은 무언가 골똘히 생각하는 듯했다.

　사회자가 메기와 브라운을 한번 훑어보고 방청석을 향해 말했다.

"메기가 이번 문제를 맞추면 퀴즈 왕중왕으로 등극하게 됩니다. 메기, 정답은?"

메기가 살짝 미소를 지으며 대답했다.

"거미입니다."

순간 조심스런 정적이 흘렀다.

아나운서가 긴장된 목소리로 답을 발표했다.

"마지막 문제, 정답은 거미입니다. 네, 메기가 '일요 어린이 퀴즈 대회' 왕중왕으로 등극했습니다!"

방청석에서 환호성이 터져 나왔다.

"와아"

브라운은 마지막 문제를 놓친 것이 아쉽다기보다 이해할 수 없다는 표정으로 무대에서 내려왔다. 우물쭈물하는 폼이 누구에게 물어야할지 모르겠다는 몸짓이었다. 무대 위에서는 메기가 꽃다발과 상장을 안고 카메라 세례를 받고 있었다.

브라운이 결국 프로그램 진행자 중 한 사람을 붙잡고 말했다.

"저기 말이죠, 마지막 문제에 잘못이 있어요. 문제 자체가 이상하다니까요."

브라운의 말을 들은 진행자가 의아하다는 표정을 지었다.

브라운은 대회 뒤풀이가 끝날 때까지 그 말을 만나는 진행자마다 건넸다. 메기가 브라운에게 짜증스럽게 말했다.

"내가 왕중왕을 차지했다고 일부러 이러는 거야? 친구에게 좋은 일이 생겼으면 진실로 축하해 주고, 패배를 깨끗이 인정해야 하는 것 아냐?"

브라운이 메기의 기분을 이해하지만 어쩔 수 없다는 듯이 대꾸했다.

"그게 아니야. 마지막 문제는 정말 잘못됐어."

브라운은 친구의 마음을 상하게 한 것이 마음에 걸렸다. 그래서 자신의 의도를 밝히기 위해 생물법정에 〈일요 어린이 퀴즈 대회〉의 주최 측을 고소했다.

4쌍 8개의 다리를 가지고 있고,
몸이 머리가슴과 배의 2부위로 나뉘어져 있는
거미는 곤충이기보다는 절지동물에 가깝습니다.

거미는 곤충일까요? 곤충이 아니라면
무엇으로 분류될까요?

생물법정에서 알아봅시다.

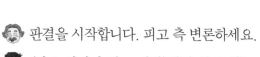

판결을 시작합니다. 피고 측 변론하세요.

〈일요 어린이 퀴즈 대회〉처럼 인기 있는 프
로그램에서 왕중왕을 하는 것은 하루 이틀
의 노력으로 가능한 일은 아닐 것입니다. 브라운 군 역시 영
리한 어린이이지만 지고 말았다면 깨끗하게 패배를 인정할
줄 알아야 합니다. 억지를 부리는 듯한 태도에 대해서는 어른
의 따끔한 충고가 필요하지 법정에서 풀 문제는 아니라고 봅
니다.

피고 측에서는 소장의 내용을 정확히 파악하지 못하고 있습
니다. 브라운 군이 이렇게 법정까지 본 사건을 올리게 된 것
은 분명 〈일요 어린이 퀴즈 대회〉의 마지막 문제에 오류가 있
어서였습니다.

퀴즈 대회에서 출제되는 문제는 프로그램 진행자들의 임의대
로 선정되지 않습니다. 어린이들을 직접 가르치고 있는 교사
들의 협의를 거쳐 선정된 문제들입니다. 이러니 브라운 군의
말이 터무니없다고 여겨지는 게 당연하지 않나요?

음, 좋습니다. 판사님, 증인을 요청합니다. 사이언스 대학 마

이크로 학장님입니다.

배가 유독 볼뚝 나온 쉰 정도의 아저씨가 증인석을 향해 걸
어 들어갔다.

🙂 마이크로 학장님, 반갑습니다.

😐 으흠. 네, 말씀 많이 들었습니다. 그런데 제가 이 재판에 무슨
도움이 될까요?

🙂 물론입니다. 제 질문에 대답해 주시면 됩니다.

😐 그럼, 시작해 보죠.

🙂 여기 앉아 있는 브라운 군은 〈일요 어린이 퀴즈 대회〉 왕중왕
전에 나갔습니다. 그런데 공교롭게도 마지막 문제를 놓쳐서
왕중왕으로 등극하지 못했습니다. 브라운 군이 마지막 문제
를 놓친 것은 그 문제가 틀린 질문이라는 생각이 들어서였습
니다. 브라운 군과의 면담에서 그날의 구체적인 정황을 들으
면서 마지막 문제의 어느 부분이 잘못되었는지 묻자, 그가 그
러더군요. '거미는 곤충이 아닙니다' 라고요.

😐 으흠, 봅시다. 마지막 문제는 거미를 설명하고 있습니다. 하
지만 거미는 곤충이 아니니 정답이라고 할 수도 없군요.

😠 거미가 곤충이 아니라고요?

😐 네, 그렇습니다. 곤충으로 분류되는 것들은 가장 기본적으로

다리가 3쌍씩 6개를 가지고 있습니다. 그런데 거미의 다리는
4쌍씩 8개이지요. 거미는 곤충이 아닙니다.

🤓 거미가 곤충이 아니라면, 어디로 분류됩니까?

😐 거미는 절지동물로 분류되지요.

🤓 아하, 브라운 군이 문제에 오류가 있다고 한 것을 이해하겠습
니다. 거미는 곤충이 아니고 동물이니, 문제는 '다음에 설명
하는 동물을 맞추시오'였어야 했던 것
이죠. 지금까지 거미를 겉모양새만으로
판단해 곤충으로 잘못 알고 있었을 프
로그램 진행자들이 브라운 군의 이의
제기를 이해할 수 없었던 것도 조금은
이해가 갑니다.

😐 저는 지식을 소홀히 여기지 않는 브라
운 군의 용기에 박수를 보내고 싶습니다.

🤓 판결합니다. 거미는 곤충의 정의에 해당되지 않으므로 단순
히 벌레 또는 넓게 동물로 분류하는 것이 옳다고 판결합니다.
그리고 무엇보다 브라운 군에 대한 오해가 풀린 것이 다행스
럽습니다. 우정만큼 소중한 게 있을까요?

> 거미
>
> 거미는 곤충으로 착각하기 쉽지만
> 진드기나 전갈에 가깝다.
> 거미의 걷는 다리 4쌍, 머리가슴이
> 한몸으로 되어 있고 더듬이가 없으
> 며 탈피를 한다. 이에 비해 곤충류
> 는 머리·가슴·배의 세 부위로 나
> 뉘며 3쌍의 날개와 1쌍의 더듬이를
> 가진다. 또한 거미가 탈피를 하는
> 것에 비해 곤충류는 변태를 한다.

거미도 거미줄에 걸리나요?

과연 거미는 자기가 친 거미줄에 걸릴까요?

에이티는 작은 생물에 대한 관심이 남다른 어린이
였다. 다른 사람들이 징그럽다며 피하는 벌레일지
라도 에이티는 그냥 지나치지 않고 사랑스런 눈길
로 관찰하곤 했기 때문이다. 그런 에이티의 작은 생물에 대한 관심
은 여러 종류를 거쳤는데 이번에는 거미였다. 머리와 가슴이 한 몸
을 이루고 있는 거미의 독특한 몸 구조와 8개의 길쭉한 다리의 매
력에 흠뻑 빠져 있었던 것이다.

그날도 에이티는 수업 중에 집에서 기르고 있는 거미 생각에 빠
져 있다가 선생에게 지적을 당했다.

"에이티, 수업 중에는 선생님의 말에 집중해야지."

쉬는 시간이 되자 에이티의 짝꿍 패토리가 에이티에게 물었다.

"너, 또 거미 생각을 했구나? 참, 그 거미는 이름이 뭐야?"

에이티는 짝꿍이 관심을 가져주는 것이 기뻐서 얼른 대답했다.

"블랙진이야. 멋지지? 너도 한번 볼래?"

에이티와 패토리는 서로의 관심사가 달랐지만 말이 통하는 단짝이었다. 처음에는 반에서 알아주는 장난꾸러기인 패토리나 수업 중에 딴생각하기 일쑤인 에이티 둘 다 짝이 되어 앉도록 한 선생님의 자리 배정에 불만이 있었지만, 어느새 둘은 서로 통하는 면을 발견했다.

패토리가 에이티의 초대에 기꺼이 응했다.

"블랙진이라고? 이야, 멋진 이름인데. 오늘 보러 가도 돼?"

에이티가 웃는 얼굴로 대답했다.

"물론이지. 하지만 블랙진에게 장난치면 안 돼, 알았지?"

에이티는 수업을 마치자마자 패토리와 함께 집으로 향했다. 집으로 가는 길에 에이티가 무척 적극적으로 거미에 대해 설명해 주어서 패토리는 무척 기대가 되었다.

에이티가 패토리에게 자신의 거미를 소개했다.

"패토리, 블랙진이야."

패토리가 거미줄에서 블랙진을 발견하고 감탄했다.

"우와, 정말 멋지다. 근데, 만져 보면 안 돼? 만져 보고 싶다."

에이티가 망설였다.

"으흠, 만져 보는 건 좀 그런데⋯⋯. 살짝만, 아주 살짝만 만져 봐. 난 블랙진한테 먹일 벌레를 가져올게."

에이티는 패토리에게 신신당부를 하며 방을 나갔다.

패토리는 애완용 거미를 이렇게 가까이서 직접 보는 건 처음이었다. 생각했던 것과 달리 날렵해 보이는 블랙진의 모습이 마음에 쏙 들었다.

패토리가 조심스럽게 손을 내밀자, 가만있던 블랙진이 아주 빠르게 움직였다. 그러자 패토리는 그만 장난기가 발동하고 말았다. 에이티의 당부도 있었고 처음 만져 보는 것이라 조심스러웠는데, 블랙진의 반응을 보고는 그만 블랙진을 거미줄에서 떼어내 버린 것이다. 패토리는 블랙진을 자신의 손 위에 올려놓고 가만히 들여다보았다.

에이티의 염려하는 목소리가 들려 왔다.

"패토리, 우리 블랙진에게 장난치면 안 돼, 알았지?"

패토리는 자신의 손 위에서 어쩔 줄 모르는 블랙진의 모습이 귀여워 장난기가 발동했지만, 에이티가 화를 낼 거란 생각이 들어서 블랙진을 조심스레 다시 거미줄에 올려놓았다.

'설마, 내가 거미줄에서 블랙진을 떼어낸 줄 모르겠지?'

에이티가 블랙진에게 줄 벌레를 들고 방으로 돌아왔다. 그런데 블랙진을 들여다보던 에이티의 표정이 점점 굳어졌다.

과학공화국
생물법정 3

패토리는 조마조마해졌다. 그저 블랙진을 잠시 자신의 손 위에 올려놓은 것 외에는 아무 장난도 치지 않았는데 에이티의 얼굴에는 큰일이 났다는 표정이 역력했다.

　패토리가 걱정스런 목소리로 물었다.

　"왜 그래, 에이티?"

　에이티가 울먹이며 대답했다.

　"블랙진이 거미줄에서 움직이질 않아. 너, 블랙진에게 장난친 거지, 그렇지?"

　패토리가 손사래를 치며 말했다.

　"아냐, 에이티. 아무 짓도 하지 않았어."

　하지만 에이티는 패토리가 거짓말을 하고 있다는 것을 확신하는 투로 말했다.

　"그럼 블랙진이 왜 저러는 거야?"

　점점 에이티의 언성이 높아졌다. 하지만 패토리는 정말 자신이 아무 짓도 하지 않았다고 생각했다.

　패토리가 자기 집으로 간 뒤에도 혼자 씩씩거리던 에이티는 결국 생물법정에 이번 사건에 대한 해결을 부탁했다.

거미줄은 방사줄(세로줄)과 가로줄로 이루어지는 데
방사줄은 끈끈이 액이 없고, 가로줄에는 끈끈이 액이 있습니다.
자신이 친 거미줄이라도 가로줄에 걸린 거미는 꼼짝 못하게 되죠.

거미도 거미줄에 걸릴까요?
생물법정에서 알아봅시다.

판결을 시작합니다. 패토리 측 변론하세요.

에이티 군의 애완용 거미 블랙진이 거미줄에서 걸린 것처럼 군다니 애석합니다만, 그것이 패토리의 잘못으로 벌어진 일이라고 우기는 것은 곤란합니다. 이것은 '참외 밭에서 신발 끈 고쳐 맨' 격입니다.

하지만 패토리 군이 블랙진을 만지고 난 이후부터 그렇게 되었다지 않습니까? 반 친구들이나 담임선생이 패토리 군에 대해 말한 대로라면 블랙진에게 짓궂은 장난을 쳤을 겁니다.

패토리 군은 거미의 모습에 매료되어 손에 살짝 올려놓은 정도였다고 했습니다. 반 친구들은 패토리 군이 평소에 장난이 심한 편이지만 거짓말은 하지 않는다고 합니다.

맙소사, 패토리 군이 블랙진을 거미줄에서 떼어내 자신의 손 위에 올려놓았던 일이 문제를 일으킨 겁니다! 그래서 그랬구먼.

거미를 거미줄에서 떼어내 손에 올려놓는 일이 그렇게 대단한 일인가요?

바로 그런 행동으로 인해 블랙진이 거미줄에서 움직이지 못하게 되었거든요.

비오 변호사, 좀더 상세하게 설명해 보세요.

음, 생치 변호사는 거미가 거미줄을 어떻게 치는지 알고 있습니까?

모릅니다. 그게 본 재판과 무슨 연관이라도 있나요?

큰 연관이 있습니다. 거미는 방사줄과 가로줄이라는 두 종류의 거미줄을 칩니다. 기초공사를 꽤 성실하게 해서 말입니다.

방사줄과 가로줄이라니, 다른 점이 있나요?

방사줄에는 *끈끈이* 액이 없고, 가로줄에는 *끈끈이* 액이 있습니다. 거미는 자신의 거미줄을 따라 이동할 때 *끈끈이* 액이 없는 방사줄을 따라 이동합니다. 방사줄은 주로 곤충들을 잡는 수단이 됩니다. 사건이 발생한 것은 패토리가 거미를 손에 올려놓기 위해 거미줄에서 떼어냈다가 거미줄에 다시 올려놓으면서 생긴 것 같습니다.

거미줄의 역할

거미줄은 먹이를 잡고 보관하며, 알을 보호하는 역할을 한다.
거미줄은 가로줄과 세로줄 두 종류의 줄로 이뤄진다. 여기에 거미의 사냥 비결이 숨어 있다. 거미줄은 모두 끈적거린다고 생각하기 쉽지만 실제로 끈적거리는 것은 가로줄뿐이다. 이 가로줄에 걸린 곤충들이 거미의 사냥감이 되는 것이다. 따라서 거미가 자신이 친 거미줄을 다닐 때도 끈적이지 않는 세로줄로만 다니며 혹시 가로줄을 밟게 되면 자신이 친 거미줄에 걸려 꼼짝 못하기도 한다.

그럼, 패토리가 블랙진을 다시 거미줄에 놓을 때 가로줄에 내려놓은 것 같다는 말인가요?

그렇습니다. 패토리가 손으로 집어 본 다음 가로줄에 내려놓

은 겁니다. 그랬으니 블랙진은 자신의 그물에 잡힌 셈이 되고
만 것입니다. 그렇게 거미줄에 달라붙어 꼼짝달싹 못하게 되
었으니 블랙진이 시름시름 앓을 수밖에 없지요.

그럼 판결하겠습니다. 거미도 자신이 짠 거미줄에 걸릴 수 있
습니다. 패토리 군은 자신이 어떤 잘못을 일으켰는지 정확히
알았으니 잘못을 인정하고 에이티에게 사과하기 바랍니다.

치킨 집 사장의 독특한 취미

나비의 날개를 만지면 손에 묻어나는 가루와 닭날개 성분과는
무슨 관계가 있을까요?

과학공화국 서쪽에 위치한 브라운 시에는 '날비 치
킨'이라는 프라이드치킨 가게가 있었다. 이 가게는
다른 가게와 차별된 독특한 맛이 소문나기 시작해
점점 번창하고 있었다. 특히 인심 좋은 주인 박명소 씨 때문에 더
많은 손님이 이 가게를 찾았다.

그런데 '날비 치킨' 바로 옆에는 '화신 치킨'이라는 프라이드치
킨 가게가 있었다. 같은 종류의 가게가 나란히 있다 보니 '화신 치
킨'은 '날비 치킨' 만큼 장사가 잘되지 않았다. '화신 치킨' 가게의
이민오 사장은 '날비 치킨'을 은근히 시기하게 되었다.

어느 날 이민오 사장이 박명소 사장을 찾아가 장사가 잘되는 이유를 물었다

"박명소 씨, '날비 치킨'에는 항상 손님이 붐비니 무슨 비결이라도 있는 것 아니오?"

박명소 사장이 쑥스러워하며 대답했다.

"비결이라뇨. 뭐, 그냥 열심히 하는 거죠."

박명소 사장이 비결을 숨기고 있다고 생각한 이민오 사장은 '날비 치킨'을 시기하는 마음이 더욱 커졌다.

'흥, 분명 무슨 비결이 있을 거야. 혼자만 알고 있겠단 말이지. 두고 봐 후회하게 해 주겠어.'

그리고 그때부터 이민오 사장은 하루 종일 박명소 사장을 관찰하기 시작했다.

한편 박명소 사장에게는 한 가지 독특한 취미가 있었다. 나비를 너무나도 좋아했던 것이다. 그래서 가게에서 나비를 날리기도 하고, 손님이 뜸한 시간에는 손 위에 나비를 올려두고 바라보기도 했다.

이민오 사장은 박명소 사장을 감시하다가 그런 사실을 알게 되었다. 끙끙대며 궁리하던 이민오 사장은 그 사실을 이용하면 '날비 치킨'의 영업이 타격을 입을 만한 흠을 만들어 낼 수 있을 것이라고 확신했다.

'그래, 박명소 사장이 심심할 때마다 나비를 만진다면, 그 손에

나비의 비늘가루가 묻을 테고, 만약 그대로 요리를 하는 거라면 위생에 문제가 있다는 말을 들어도 싸겠지? 이것에 대해 소문을 내자. 그러면 '날비 치킨'에 실망한 손님들이 우리 가게를 찾게 될 거야.'

꾀를 낸 이민오 사장은 수화기를 들고 어디론가 전화를 걸었다.

"저, 생물법정이죠? 실은 '날비 치킨'에 대해 전할 말이 있는데요. 거기의 사장이 나비를 만진 손으로 치킨 요리를 한다는군요. 그렇게 청결하지 못한 손으로 음식을 만드는 것은 불량식품을 만드는 것이나 다름없지 않나요? 위생 불량으로 고소합니다."

며칠 뒤, 생물법정이 열리게 되었다. 법정에는 '화신 치킨'의 주인 이민오 사장과 그를 변론하는 생치 변호사, 그리고 '날비 치킨'의 박명소 사장과 그를 변론하는 비오 변호사가 있었다.

나비의 날개 표면에 특별한 모양으로 붙어 있는
인분의 주성분은 케라틴입니다. 그런데 이 케라틴은
단백질의 일종으로 닭 날개와 같은 종류의 단백질입니다.

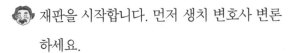

나비의 날개와 닭의 날개에는 어떤 공통점이
있을까요?
생물법정에서 알아봅시다.

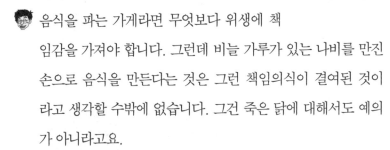

재판을 시작합니다. 먼저 생치 변호사 변론
하세요.

음식을 파는 가게라면 무엇보다 위생에 책
임감을 가져야 합니다. 그런데 비늘 가루가 있는 나비를 만진
손으로 음식을 만든다는 것은 그런 책임의식이 결여된 것이
라고 생각할 수밖에 없습니다. 그건 죽은 닭에 대해서도 예의
가 아니라고요.

'죽은 닭에 대한 예의'라고요? 생치 변호사, 이 자리에서는
법정에서의 예의만이라도 지켜 주시죠. 비오 변호사, 변론해
주세요!

지난 10년간 나비와 나방에 관해 연구하며 수많은 논문을 발
표해 온 카이르트 대학의 나비방 박사를 증인으로 요청합니다.

너풀거리는 재킷을 걸쳐 입은 사내가 증인석으로 들어왔다.

박사님, 우선 나비와 나방의 차이에 대해 설명해 주세요.

가장 쉽게 발견할 수 있는 차이라면, 나비는 앉아 있을 때는

보통 날개를 접고 있지만 나방은 날개를 펴지요.

나방은 밤에 주로 활동한다는데요?

그렇습니다. 나비는 주로 낮에 활동하고 나방은 주로 밤에 활동한다는 점도 둘의 차이점이라고 하겠습니다. 하지만 열대 지방에 사는 어떤 나방들은 낮에 활동하는 것들도 있어요. 그러니까 활동 시간을 따져 나비와 나방을 구별하는 것은 정확하지 않다고 할 수 있습니다.

몸 생김새는 어떤가요?

조금 차이가 있습니다.

어떻게요?

나비와 나방은 모두 더듬이를 가지고 있습니다. 이 더듬이를 통해 꽃이나 곤충들의 냄새를 맡지요. 그런데 나비의 더듬이는 길고 가늘며 맨 끝에 마디가 있고, 나방의 더듬이는 깃털처럼 뭉툭하게 생겼습니다. 특히 수컷 나방의 촉각이 발달되어 있지요. 이건 수컷이 암컷을 찾아다니기 위해서랍니다.

날개에도 차이점이 있나요?

나비의 날개는 밝고 화려한 색이지요. 하지만 나방의 날개는 약간 은은한 편으로 그리 산뜻하다고 할 수 없습니다. 그런 나방의 날개 색으로 인해 주위의 나무나 잎사귀와 잘 구별되지 않기도 해요.

그럼 본 법정과 관련된 질문을 드리겠습니다. 나비의 날개를

만져 손에 묻은 비늘가루는 인체에 해로운가요?

나비나 나방의 날개에 있는 비늘 모양의 분비물을 한자어로 '인분(鱗粉)'이라고 하는데, 날개 표면에 따라 각각 특별한 모양의 인분이 규칙적으로 붙어 있지요. 인분의 주성분은 케라틴으로, 이것은 동물의 표피, 모발, 손톱, 발톱, 뿔, 발굽, 깃털 따위를 이루는 단백질의 일종입니다. 그러니까 닭의 날개와 같은 종류의 단백질이라는 것입니다. 인분은 나비나 나방의 피부가 일부분 변화된 것이라고도 할 수 있습니다.

케라틴

털·손톱·발톱·뿔·발굽·양털·깃털이나 피부의 가장 바깥층에 있는 섬유질의 구조단백질을 일컫는 말이다. 물과 모든 중성 용매에 녹지 않으나, 탈모제, 퍼머넌트웨이브, 과산화수소, 알칼리 등에는 약하다.

아, 박사님의 자세한 설명 감사합니다. 판사님, 박사님의 설명대로라면 '화신 치킨'의 주장과 달리 나비의 날개를 만진 것은 닭 날개를 만진 것이나 별 차이가 없다는 결론이 나옵니다. 닭을 손질해 음식을 만들어 파는 가게에서 닭을 만진 것이 문제가 되지는 않겠지요?

판결합니다. 나비의 날개에 있는 비늘가루가 닭의 날개와 같은 종류의 단백질이라는 사실에 근거하여 '화신 치킨'의 고소를 취하합니다. 하지만 음식을 다루는 사람이 청결해야 한다는 점을 지적한 생치 변호사의 말에도 일리가 있으므로 앞으로는 어떤 벌레든 벌레를 만진 손으로 요리를 하는 일은 없도록 해야 할 것입니다. 이번 사건은 단순 경고로 끝내기로 하지요.

나방 때문에 관광객이 없어요

전등 아래 모여든 나방이 전등 주위를 빙글빙글 도는 이유는 무엇일까요?

사건속으로

"도시 생활에 지친 당신에게 자연의 휴식을 선물합니다. 사방이 확 트인 들판과 파란 하늘을 머리에 이고 있는 낮은 지붕의 아담한 집들, 상쾌한 공기와 자연의 소리가 여기에 있습니다. 당신에게 활기를 되찾아 줄 멋진 휴양지, 이리와 마을! 당신의 휴가를 책임집니다."

이리와 마을은 도시 근교에 위치해 있지만 별 관심을 받지 못하다가 자연학습 체험장 같은 자연 관련 상품으로 구성된 휴양 단지가 조성되면서 경기가 살아나고 있었다. 특히 휴양 단지에는 가족단위로 쉴 수 있는 아담한 집들이 세워져 있어 하루 계획으로 잠깐

들르는 사람들뿐 아니라 며칠씩 묵는 가족과 단체들도 있었다.

"아빠, 이리와 마을에 가면 진짜 소도 볼 수 있겠네?"

"소를 보는 것뿐 아니라 벼도 볼 수 있고, 밤에는 개구리들의 합창 소리를 들을 수도 있을 거야."

"우와, 그것들을 실제로 볼 수 있단 말이야?"

"아빠도 우리 딸처럼 기대되는구나!"

이리와 마을에 시골의 정서를 느끼게 하는 휴양 단지가 막 만들어질 때는 많은 기대를 모으지 못했다. 하지만 신문이나 TV를 통해 알려지고 사람들의 관심이 높아지면서 마을은 활기를 찾았고, 더 많은 사람들을 찾을 수 있도록 프로그램 개발에 심혈을 기울였다. 게다가 이리와 마을의 성공에 힘입어 따라 하는 마을도 많아졌다.

"저리가 마을에서도 휴양 단지를 만들고 있다는군요. 그러면 우리 마을을 찾는 사람들을 그곳에 빼앗길 수도 있는데 이대로 있어선 안 되는 것 아닌가요?"

"저리가 마을뿐만 아니라, 요리와 마을에서도 그런 준비를 하고 있다던데요."

이리와 마을 사람들은 자신들이 거둔 성공을 계속 유지하고 싶었다.

"우리 마을에서 시작된 것인데 가만있어서는 안 되겠어요."

"우리 마을에 한번 와 본 사람이라면 또 다른 체험을 할 수 있는 다른 마을을 찾을지도 몰라요."

"그렇다면 새로운 상품을 개발해야겠네요?"

이리와 마을 사람들은 신상품 개발뿐 아니라 홈페이지 개설이나 홍보 책자 발간 등 전략적으로 휴양 단지를 선전했다. 이렇게 상품을 개발하고 선전하면서 이리와 마을 사람들이 기본적으로 염두에 두었던 것은 시골의 자연을 훼손시키지 않는 상태에서 도시 사람들이 불편해하지 않는 환경을 만들자였다. 이리와 마을 사람들의 노력은 대가를 얻었다.

하지만 어느 해부터인가 마을을 찾는 사람들의 수가 줄어들고 있다는 것이 느껴졌다. 처음에는 비슷한 종류의 휴양 단지를 세운 마을이 많아졌기 때문이라고 생각했다. 그러나 해가 거듭되자 이리와 마을 사람들은 불안해지기 시작했다.

"관광객이 이렇게나 줄어들 리가 없는데, 무슨 이유일까요?"

"아무래도, 관광지가 너무 많이 생기다 보니 우리 관광 프로그램이 좀 식상해졌나 봐요."

"아무래도 대책을 세워야 하겠는데요."

마을 사람들은 휴양 단지의 상품들을 꼼꼼하게 살펴보면서 그 이유를 찾아보았다.

그러던 어느 날, 이리와 마을 이장이 마을을 찾은 도시 사람들이 하는 대화를 우연히 엿듣게 되었다.

"이 마을에 오면 마음이 편안해지는 게 참 좋은데, 나방 때문에 눈을 뜨고 다닐 수가 없어."

"너도 그랬니? 나방 날개에서 떨어지는 가루가 눈에 들어가면 안 좋다는 말도 있고 해서 아이들을 방에서 못 나가게 했더니 나나 아이들이나 운치 있는 밤 경치도 즐기지 못하고……. 집에 있는 것이나 다름없었다니까."

이리와 마을의 이장은 휴양 단지에 손님이 끊기는 이유가 무엇인지 알아챘다.

이장이 마을 사람들을 불러 모았다.

"나방 때문에 여기를 찾는 사람들이 불편해하고 있었나 봅니다. 우리야 여기서 살면서 익숙해져 있지만 도시 사람들은 그렇지 않으니까요. 원인은 나방에 있었습니다."

"그런 문제가 있었다면 얼른 해결책을 찾아야지요."

"그래요. 우리 가게 매출이 요 몇 해처럼 줄어 간다면 아이들 뒷바라지도 어려워질지 몰라요."

휴양 단지를 찾는 사람들이 줄어든 이유를 알게 된 마을 사람들은 나방 문제를 전문적으로 해결할 사람을 구하기 위해 관청을 찾았다. 아무리 머리를 맞대고 생각해 봐도 뾰족한 수가 나지 않았기 때문이다.

하지만 마을의 의뢰를 받은 관청에서는 조사 인원만 파견했을 뿐 성의 없는 답변을 냈다.

"자연을 유지하면서 나방을 없애는 방법은 없습니다. 게다가 밤에 활동하는 나방이 환하게 밝혀진 불빛을 보고 모여드는데 살충제 말고는 대책이 없지 않겠어요? 이런 문제가 아니어도 저희에겐 할 일이 아주 많습니다."

기대했던 마을 사람들은 대단히 실망했다.

"아니, 그렇게 성의 없이 대답하면 어떡합니까? 이 마을에 사는 사람들의 생계가 달린 문제란 말입니다."

관청의 답변은 마찬가지였다.

"말했다시피 어쩔 수 없습니다."

마을 사람들은 몇 번 도움을 청하다가 결국 생물법정을 통해 관청의 자세를 바꿔 보자고 결론을 내렸다.

나방은 나선형을 그리면서 전구의 주위를 돌다가
결국 전구에 부딪히게 됩니다. 이러한 나방의 행동을
'광나침반 행동' 이라고 부릅니다.

과학공화국
생물법정 3

여기는 생물법정

전등 주위를 빙글빙글 도는 나방의 행동에는
무슨 까닭이 있을까요?

생물법정에서 알아봅시다.

재판을 시작합니다. 피고 측 변론하세요.

무슨 일만 생기면 공무원 탓을 하는 사람들
의 사고방식에도 문제가 있다고 봅니다. 게
다가 자연의 생리를 제아무리 공무원이라고 이렇게 저렇게
조정할 수 있는 것도 아닙니다. 도둑이라면 방범을 늘리는 등
의 대책을 세울 수 있겠지만 나방의 수를 조정하는 것이라면
아무도 어쩔 수 없는 문제라고 여겨집니다.

원고 측에서 증인을 요청했습니다. 승인합니다.

나방 연구소 소장으로 계신 불나방 박사를 증인으로 요청했
습니다.

짙은 색의 선글라스를 낀 서른가량의 호리호리한 여자가
증인석에 앉았다.

증인석에서 앉으셨으니 증언의 진실성을 위해서라도 선글라
스를 벗는 것이 좋겠는데요?

아, 꼭 벗지 않아도 된다면 그대로 있고 싶어요. 나방 연구를

2장 - 벌, 나비, 거미에 관한 사건 **111**

하다 보니 밤에 주로 활동해서인지 눈이 많이 약해졌어요. 낮이면 이렇게 선글라스를 쓰지 않으면 눈이 많이 피곤합니다.

좋습니다. 우선 나방의 생태에 대해 설명해 주세요.

대부분 낮에 활동하며 불빛에 모여드는 성질이 약한 나비와 달리 나방은 불빛에 모여드는 성질이 강하고 밤에 활동합니다. 앉을 때 날개를 세우는 나비와 달리 옆으로 펴거나 지붕 모양을 하기도 합니다.

혹시 나방을 좀 많이 한꺼번에 없애는 방법이 있을까요?

글쎄요. 사람들이 사는 곳에서 좀 떨어진 곳에 커다란 대형 전구를 설치하는 방법을 생각해 볼 수 있어요. 불빛을 좋아하는 나방이 거기로 몰릴 테고, 전구 가까이에서 빙글빙글 돌다가 일종의 소용돌이의 중심에 해당하는 전구에 닿아 타 죽겠지요.

음, 불빛 때문에 날아든 나방이 전구 주위를 빙글빙글 돌다가 전구에 가 닿는다고 했는데 좀더 자세히 설명해 주시겠습니까?

나방은 달빛처럼 한 방향으로 빛을 내는 빛에 대해서는 그 빛을 향해 직선으로 평행하게 날아듭니다. 하지만 전구는 사방으로 빛을 퍼뜨립니다. 나방은 각각의 위치에서 이 빛에 대해 80도의 일정한 각도를 유지하려고 애쓰겠지요. 그러다 보니 나방은 나선형을 그리며 전구 주위를 돌게 되는 것이고, 그

나선형의 반지름이 점점 줄어들면서 결국 전구에 부딪치는 거랍니다. 이렇게 빛에 대해 일정한 각도를 유지하면서 이동하는 나방의 행동을 '광나침반 행동'이라고 부르지요.

설명 감사합니다. 굳이 살충제를 사용하지 않고 나방의 생리를 이용해 자연스럽게 해결할 방법을 주셨습니다.

판결합니다. 우선 이리와 마을 사람들이 자연을 훼손시키지 않기 위해 애쓴

나방

나방의 구조는 기본적으로 나비와 같으나 몸이 굵고 몸에 비해 날개가 작은 편이다.

나방의 앞날개는 보통 눈에 띄지 않는 회색이나 갈색 등이 많고 나방이 머무는 장소와 흡사한 빛깔이나 얼룩무늬가 있어 보호색의 역할을 하는 것도 많다.

밤에 나방이 등불에 모이는 것은 온도나 습도 등이 일정 조건에 이르면 빛에 반응하는 것으로, 달빛이 밝은 밤에는 등불에 잘 모이지 않는다.

보람이 있어 다행입니다. 자연의 생리를 어쩔 수 없다고 포기하는 것은 자연의 일부분인 인간으로서 바른 자세는 아니라고 생각합니다. 훼손하지 않고 함께할 수 있는 방법들을 더 많은 연구를 통해 개발할 수 있습니다. 쉽게 살충제 운운한 관청의 불성실한 태도에 대한 마을 사람들의 항의에 이유가 있다고 봅니다.

거미

거미는 곤충이 아니라 절지동물입니다. 곤충은 머리, 가슴, 배의 세 부분으로 나누어져 있지만, 거미의 몸은 곤충과 다르게 머리와 가슴 부분이 합쳐진 두흉부와 복부의 두 부분으로 이루어져 있습니다. 그리고 보통 곤충의 다리는 6개인 데 비해 거미의 다리는 8개입니다. 하지만 보통은 벌레라고 할 때 거미도 포함시킨답니다.

거미의 입은 위턱, 아래턱, 윗입술, 아랫입술의 네 부분으로 되어 있으며, 위턱에는 잡은 먹이를 찌르고 독을 주입하는 데 쓰이는 날카로운 엄니가 있습니다. 거미의 입은 먹이를 씹을 수 없고 먹이를 이빨로 찌른 다음 소화액으로 녹여 그 액을 위 속으로 빨아들이죠. 거미는 해로운 곤충을 잡아먹습니다. 입의 양옆에 있는 한 쌍의 더듬이 다리가 곤충의 더듬이 역할을 합니다.

거미의 배 아래쪽 끝부분에는 독특한 분비물인 실을 뽑아내는 방적돌기가 있습니다. 거미의 분비물은 방적관을 통해 밖으로 나가 거미줄이 됩니다.

암컷 거미와 수컷 거미를 구별하기는 쉽지 않지만, 보통 수컷이 암컷보다 작고 다리가 깁니다.

거미의 수명은 1년 내지 2년이 보통입니다.

잠자리

　잠자리는 가늘고 긴 몸통과 길고 큰 4장의 날개를 가지고 있습니다. 대개는 공중에서 지내며, 더듬이가 있지만 잘 사용하지 않는 편인데 2개의 겹눈과 3개의 홑눈이 있어서 날면서도 먹이를 잡을 수 있습니다.

　입틀은 먹이를 씹어 먹는 데 알맞게 발달했으며, 큰 턱은 튼튼하고 약간의 날카로운 이빨 모양의 돌기가 있습니다. 목은 가늘고 머리를 회전시킬 수 있습니다. 잠자리는 어느 곳에서나 쉽게 볼 수 있고 그 종류만도 약 5,000개가 넘습니다. 우리나라에도 107종류의 잠자리가 살고 있습니다.

- 고추잠자리: 5월에서 10월까지 볼 수 있으며 주로 평지나 구릉지의 수초가 많은 늪이나 연못, 논, 저수지 등에서 삽니다. 수컷은 성숙해지면 붉은색으로 변합니다.

- 왕잠자리: 배 길이가 수컷의 경우 53~58mm이고 암컷의 경우 50~55mm입니다. 뒷날개 길이가 50~55mm인 대형 잠자리로, 5월에서 9월까지 비교적 넓은 수면의 연못이나 강가, 물 고인 곳에서 삽니다. 수컷의 배에는 선명하고 아름다운 남색 부분이 있습니다.

- **큰실잠자리**: 배 길이가 27~34mm, 뒷날개 길이가 22~28mm 이고, 6월에서 7월에 걸쳐 볼 수 있습니다. 산 사이에 흐름이 느린 강가나 고여 있는 물 위에서 삽니다. 검은색 얼룩무늬가 잘 발달하여 전체적으로 어두운 색깔이 납니다.

- **나비잠자리**: 배 길이가 수컷은 22~26mm, 암컷은 21~24mm, 뒷날개 길이는 33~38mm이고, 6월에서 9월에 걸쳐 볼 수 있습니다. 주로 평지나 구릉지의 수초가 많이 나 있는 연못에서 삽니다. 몸통은 검은색이며, 큰 날개는 검은색이 도는 금록색 혹은 자남색으로, 나비 같이 큰 날개가 특징인 잠자리입니다.

나비

나비의 몸은 다른 곤충에 비해 부드럽고 유연합니다. 작은 턱(입)은 꿀이나 물을 빨아 먹기 편리하게 가늘고 긴 관의 모양이고, 평상시에는 태엽처럼 감을 수 있습니다. 나비의 날개는 삼각형 모양의 큰 날개 두 장, 부채 모양의 뒷날개 두 장으로 되어 있습니다. 나비는 꽃들 사이를 날아다니며 꽃가루를 옮겨 꽃의 수정을 돕습니다.

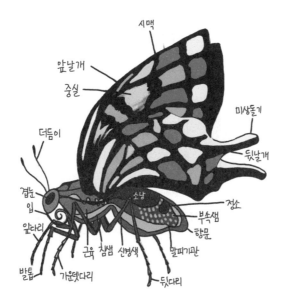

나비의 애벌레는 갓 태어나자마자 잎을 먹어 치우기 때문에 나무를 기르는 사람들에게 환영받지 못하는 존재이기도 합니다.

나비는 전 세계에 걸쳐 종류가 12만 가지나 됩니다.

- 호랑나비: 우리 주변에서 흔히 볼 수 있는 종류로, 크기가 큰 편입니다.
- 흰나비: 중간 크기로 흰색이나 노란색을 띠며 어떤 것은 검은 무늬가 있습니다.
- 부전나비: 대부분 크기가 작고 청남색이나 구릿빛의 금속광택이

나는 윗면을 가지고 있습니다. 더듬이에는 흰 고리무

늬가 있고, 눈 주변에는 흰 비늘가루가 있습니다.

- 왕나비: 따뜻한 지방에서 많이 살고, 검은색이나 등황색, 백색

  등의 얼룩무늬가 있습니다. 더듬이 끝이 약간 부풀어

  있고 고약한 냄새를 피웁니다.

- 팔랑나비: 크기가 작고 더듬이 끝이 완만하게 부풀어 있으며 갈

  고리 모양을 한 것이 많습니다.

나비와 나방은 어떤 차이점이 있을까요?

- 나비는

1. 주로 낮에 활동하며, 날개의 색이 곱고 화려합니다.

2. 더듬이의 끝이 곤봉 모양으로 부풀어 있습니다.

3. 대부분 날개에 비해 몸이 가늘고, 쉴 때에는 위로 접습니다.

- 나방은

1. 대부분 밤에 활동을 하고 날개의 색도 일부를 제외하고는 단

조롭고 어두운 편입니다.

2. 더듬이는 실 모양, 톱니 모양 또는 깃털 모양으로 다양합니다.

3. 몸이 크고, 앉을 때는 날개를 펼치는 경우가 많습니다.

벌

벌은 가슴과 배 사이에 잘록한 허리가 있습니다. 투명한 4장의 날개와 기다란 혀를 가지고 있습니다.

뒷다리에 꽃가루를 묻혀 꽃의 수분을 도와주는데, 벌은 어떻게 꽃들을 찾아낼까요? 정답은 향기입니다. 꽃의 색깔과 모양은 그 다음입니다. 벌이 꽃의 향기를 가장 중요하게 여기는 이유는 꽃의 색깔과 모양은 시들어지면 바뀔 수 있고 각도에 따라 다르게 보일 수 있지만 향기는 그대로이기 때문입니다.

꿀벌은 한 마리의 여왕벌을 중심으로 1,2만 마리 정도의 일벌들이 모여서 생활합니다. 일벌은 벌집을 짓고 애벌레를 돌보며 여왕벌의 시중을 들거나 꽃으로부터 꿀을 모으는 일을 합니다. 일벌은 암컷이지만 여왕벌처럼 알을 낳지는 못합니다.

수벌은 5월쯤 태어나 여왕벌과 짝짓기를 하고 1,2개월 만에 죽습니다. 여왕벌은 하루에 3,000개 정도의 알을 낳습니다.

일벌과 여왕벌은 모두 암컷인데 왜 일벌은 알을 못 낳을까요? 애벌레 시절에 먹는 게 다르기 때문입니다. 알에서 깨어난 애벌레는 3일이 지나면 음식을 먹기 시작하는데, 이때 로얄젤리를 먹은 애벌레는 여왕벌로 자라고 식물의 즙이나 꽃가루를 먹은 애벌레는 일벌이 됩니다. 로얄젤리는 일벌의 분비물 속에 들어 있는데 일종의 호르몬 역할을 합니다. 또한 일벌들은 여왕벌의 분비물을 먹고 자라는데, 그 분비물 속에는 '여왕 물질'이라고 부르는 물질이 들어 있어요. 이 물질을 먹은 일벌들은 난소의 기능이 억제되어 알을 낳지 못하게 됩니다.

꿀벌은 침을 한 번 쏘면 죽는다

모든 벌이 그런 건 아닙니다. 꿀벌은 침을 쏘고 나면 죽지만, 말벌은 침을 쏘고 나서도 죽지 않습니다.

벌의 침은 원래 산란관(알을 낳는 기관)입니다. 물론 여왕벌은 이 침을 사람을 쏘는 데 사용하지 않고 다른 여왕벌들과 싸울 때만 사용합니다. 반면 일벌은 적을 공격하기 위해 침을 사용하는데, 한 번 쏘아지면 살에 걸려 쉽게 빼낼 수 없어서 쏘인 쪽이 아픈 것은 물론이고 쏜 벌 역시 도망치지 못하고 죽게 됩니다.

하지만 말벌의 침 모양은 꿀벌의 것과 달라서 몇 번을 쏘아도

쉽게 뺄 수 있습니다. 그러니까 여러 번 사용할 수 있습니다.

시골에서는 벌에 쏘이면 민간요법으로 오줌을 바르라고 하는데, 정말 효과가 있을까요? 벌침은 식초처럼 시큼한 산성을 띕니다. 산성과 반대되는 물질을 염기성이라고 하는데, 그 대표적인 것이 암모니아수 같은 것입니다. 산성은 염기성과 만나 중화반응을 일으키는데, 이렇게 되면 산성의 성질이 약해집니다. 그런데 오줌에는 암모니아가 많이 포함되어 있으니까 벌침의 산성을 약하게 할 수 있을 테지요.

곤충의 눈은 어떻게 생겼나요?

잠자리의 눈은 큽니다. 잠자리를 잡아 보면 얼굴에서 제일 먼저 보이는 것이 왕방울만 한 눈이잖아요. 눈이 얼굴을 온통 다 차지하고 있을 정도입니다. 잠자리는 눈이 큰 만큼 시력도 무척 좋습니다. 잠자리의 눈은 수많은 눈이 모여 하나를 이루고 있는 겹눈으로 움직이는 물체를 쉽게 발견할 수 있습니다. 곤충을 순간적으로 포착하여 잡아먹는 데도 요긴합니다.

곤충의 겹눈으로 물체를 보면 수백 대의 텔레비전을 한꺼번에 틀어 놓은 것 같습니다. 수없이 많은 작은 그림 조각들이 모여야 하나의 물체를 이룹니다. 그렇다면 아무래도 물체를 또렷하게 보기는

힘들겠지요. 하지만 움직이는 물체는 훨씬 잘 본답니다. 각각의 낱눈에 차례차례 자극을 주기 때문입니다. 날아다니며 사냥을 하는 잠자리 같은 곤충에게 최고의 눈이지요. 게다가 잠자리는 모든 방향을 다 볼 수 있습니다. 뒤에서 무슨 일이 일어나고 있는지, 목을 돌리지 않고도 알 수 있지요. 잠자리를 잡으려고 뒤쪽에서 살금살금 다가가는데 달아나는 것도 바로 이런 이유에서입니다.

잠자리에게는 겹눈 말고 3개의 홑눈이 더 있습니다. 이 홑눈은 물체의 모양을 보는 게 아니라, 밝은지 어두운지 정도의 불분명한 모습만 알아냅니다. 또 홑눈에 빛이 들어가면 겹눈의 보는 능력은 더 커집니다.

곤충학자들의 실험에 의하면, 낮에 활동하는 곤충은 색깔을 구별할 수 있다고 합니다. 하지만 밤에 활동하는 곤충들은 색맹이나 다름없어서, 모든 색깔이 회색처럼 보인다고 합니다. 또, 곤충들에게는 사람이 볼 수 없는 것을 보는 특별한 능력이 있다고 합니다. 예를 들어 꿀벌은 자외선을 볼 수 있습니다.

배추벌레

배춧잎 위를 꾸물꾸물 기어 다니는 배추벌레는 하얀 날개에 까만 점을 가진 배추흰나비로 대변신을 한답니다.

배추벌레는 노란 알에서 태어나, 깨어나자마자 배춧잎 위를 기어 다니며 엄청난 양의 배춧잎을 먹어 대지요. 마치 먹기 위해 태어난 것처럼 잠시도 쉬지 않습니다. 그래서 다 자란 애벌레는 알이었을 때에 비해 몸의 길이는 30배, 몸무게는 9,000배나 커진답니다.

잔뜩 영양분을 취한 애벌레는 입에서 실을 뽑아 고치를 만들고, 그 안에 번데기 상태로 들어가 깊은 잠을 잡니다. 겉으로 봐서는 번데기 상태로 가만히 있는 것 같지요? 하지만 그 안에서 나비가 될 수 있는 세포들이 몸속에 감춰져 있다가 분열을 시작합니다. 어떤 세포는 눈이 되고, 어떤 세포는 날개가 되고, 어떤 세포는 다리가 되지요.

번데기 속에서 완전한 모양이 갖춰지면 나비는 번데기를 찢고 밖으로 기어 나옵니다. 그리고 젖은 날개를 잠시 햇볕에 말리고 난 뒤, 배추 위로 날아다니지요. 짝짓기와 알을 낳기 위해서지요.

배추흰나비처럼 번데기를 거쳐 완전히 다른 모양의 곤충이 되는 것을 완전변태라고 합니다. 완전변태를 하는 곤충으로는 나비, 나방, 파리 등이 있습니다.

완전변태를 하지 않는 곤충도 있는데, 번데기를 거치지 않고 바로 성충이 되는 경우를 불완전변태라고 합니다. 불완전변태를 하는 곤충으로 메뚜기, 매미, 잠자리가 있습니다.

불완전변태를 하는 곤충들은 애벌레와 성충의 모양이 닮았습니다. 애벌레는 번데기를 거치는 대신 여러 번 껍질을 벗으면서 성충이 되어 갑니다. 껍질을 한 번씩 벗으면서 눈, 입, 다리 같은 여러 기관들이 성충의 것으로 바뀌지요. 마지막 껍질을 벗을 때, 날개가 갑자기 커져서 완전한 성충이 됩니다.

숲속의 벌레에 관한 사건

사마귀가 사라졌어요

암컷 사마귀가 교미 후 수컷 사마귀를 먹어 치우는 이유는 무엇일까요?

과학공화국에는 여러 동호회들이 활발한 활동을 하고 있었다. 그중 요즘 들어 두드러진 활동을 보이는 동호회가 곤충 중매 동호회였다. 외로운 곤충들에게 친구를 만들어 주거나 짝짓기를 하도록 도와주는 동호회였다.

브리즈 역시 곤충 중매 동호회에서 열심히 활동하는 회원이었다. 브리즈는 사마귀를 키우고 있었다.

브리즈에게 사마귀는 특별한 친구였다. 동호회 활동을 하면서 나아졌지만, 낯가림 성향이 있었던 브리즈는 주변 사람들과 잘 사귀지 못했기 때문에 사마귀만이 그의 친구가 되어 주었던 거였다.

그런 사이이니만큼 브리즈는 더욱 멋진 짝을 자신의 사마귀에게 찾아 주고 싶었다.

"우리 동호회 회원 중에 사마귀를 기르는 사람이 없을까? 내 사마귀에게 짝을 찾아 주고 싶거든."

브리즈의 말을 듣고 로안스가 대꾸했다.

"브리즈, 네 사마귀도 이제 짝짓기 할 때가 다 되었구나. 이야, 세월 빠르네. 그런데 네 사마귀는 암컷이야, 수컷이야?"

브리즈가 대답했다.

"수컷이야. 요즘 부쩍 더 외로워하는 것 같아서 서두르고 싶어."

브리즈의 마음을 알았는지 로안스가 밝은 목소리로 말했다.

"좋아, 내가 한번 알아볼게."

다음 동호회 정기 모임 때, 로안스가 무척 신난 표정으로 나타났다.

"브리즈, 좋은 소식이 있어. 한번 맞춰 봐!"

브리즈가 기대하는 얼굴로 말했다.

"세상에나, 암컷 사마귀를 가지고 있는 사람을 찾았구나!"

로안스가 손가락을 튕기며 말했다.

"빙고! 토드넘이 수컷 딱정벌레뿐만 아니라 암컷 사마귀도 기른다고 했어. 그래서 당장 부탁했지, 뭐."

브리즈가 로안스의 말에 기뻐하며 말했다.

"정말 고마워."

브리즈는 토드넘과 연락을 취했고 서로의 사마귀를 소개할 계획을 세웠다.

브리즈는 소중한 친구 사마귀에게 좋은 선물이 되리라는 생각에 무척 설레었다.

"토드넘, 어떻게 하는 게 좋을까? 내 수컷 사마귀를 너희 집에 보낼 테니 거기서 짝짓기를 하도록 할래?"

토드넘이 대답했다.

"그럼 나야 한결 수월하겠지. 나, 사실은 사마귀 짝짓기는 처음이라 조금 설레고 있어."

브리즈가 말했다.

"나도 조금 설레는데. 그러면 오늘 내 사마귀를 너희 집에 두도록 할게. 짝짓기가 이루어질 때까지 내가 너희 집에 들르는 게 귀찮지 않다면 말이야."

브리즈의 제안에 토드넘이 찬성했다. 브리즈는 사마귀를 키우면서 하루도 떨어져 있었던 적이 없었기 때문에 조금 이상한 기분이 들었다. 하지만 사마귀에게 좋은 선물을 한 것이라고 생각하며 참기로 했다.

그런데 며칠 후, 브리즈가 초인종을 누르자 당황한 얼굴을 한 토드넘이 문을 열어 주었다.

브리즈가 물었다.

"무슨 일 있어? 사마귀들에게 무슨 문제라도 생긴 거야?"

토드넘이 말을 더듬었다.

"그…… 그, 그게 말야. 브, 브리즈……."

브리즈가 답답하다는 듯이 재촉했다.

"저런, 무슨 일이 생긴 거구나! 뭐야? 빨리 얘기해 봐."

토드넘이 어쩔 수 없다는 듯이 대답했다.

"어젯밤에 왠지 잘될 것 같아서 두 사마귀를 한곳에 넣어 두었어. 그런데 아침에 보니 너의 사마귀가 사라지고 없는 거야."

브리즈가 놀라며 소리쳤다.

"맙소사, 내 사마귀가 왜 사라져?"

브리즈는 자신의 사마귀가 사라졌다는 토드넘의 말을 믿을 수가 없었다. 분명 토드넘이 자신의 사마귀를 잃어버린 것이라고 생각했다. 브리즈는 한참을 생각하다가 결국 화를 내며 집으로 돌아왔다. 그리고 생물법정에 사마귀의 행방을 찾아 줄 것을 요청했다.

짝짓기가 끝난 사마귀 부부는 곧 이별을 하게 됩니다.
암컷 사마귀는 알을 만드는 데 필요한 양분을 얻기 위해
짝짓기가 끝나면 수컷 사마귀를 잡아먹어 버리거든요.

브리즈의 사마귀는 대체 어디로
사라져 버린 것일까요?
생물법정에서 알아봅시다.

재판을 시작합니다. 토드넘 측 변호사, 변
론하세요.

사라진 사마귀 때문에 정신적 충격을 받은
것은 브리즈 군뿐만 아닙니다. 토드넘 군 역시 남의 소중한
것을 보관하다 잃어버렸다는 생각에 당황하고 있습니다. 사
마귀가 느리게 움직이는 편이라는 말을 들은 적이 있어 몇 번
이나 그 방을 뒤졌다고도 합니다.

이번에는 브리즈 측 변호사가 변론하세요.

사마귀 연구소의 기사마 박사를 증인으로 요청합니다.

역삼각형의 얼굴에 부리부리한 눈을 한 마치 사마귀의 얼굴
을 닮은 사내가 증인석에 앉았다.

박사님, 우선 사마귀에 대해 설명해 주십시오.

사마귀는 무시무시한 곤충입니다. 몸길이가 70~82밀리미터
정도로 긴 편입니다. 대부분은 녹색이라고 알고 있는데 황갈
색을 띤 것도 있습니다. 더듬이가 길고 앞가슴의 어깨가 발달

했습니다. 무엇보다 가장 큰 특징은 앞다리이지요.

앞다리에 어떤 특징이 있지요?

그 모양이 낫처럼 생겼어요.

무섭군요.

가을이 되면 사마귀는 알을 낳을 준비를 합니다. 나뭇가지에 거꾸로 매달려 꼬리 끝에서 요구르트처럼 생긴 액체를 분비하는데, 그 액체를 꼬리 끝으로 살살 돌리면 샴푸처럼 거품이 일어나요. 사마귀는 이 거품 속에 200여 개의 알을 낳습니다. 알 낳기가 끝나면 거품은 굳어져 스티로폼처럼 변하죠. 충격을 방지하고 보온 효과가 있는 알주머니가 되어요.

자! 그럼 본 법정에 의뢰된 내용을 짚어 보도록 하겠습니다. 박사님, 사마귀 두 마리가 짝짓기를 했는데, 그중 한 마리가 사라지고 말았습니다. 사마귀의 속성과 관계가 있을까요?

사라진 사마귀는 분명 수컷이죠?

네, 맞아요.

그렇다면 사마귀의 속성으로 인해 어쩔 수 없이 일어난 일입니다. 암컷 사마귀는 알을 만드는 데 필요한 양분을 얻기 위해 짝짓기가 끝나면 수컷 사마귀를 잡아먹어 버리거든요.

우아, 잔인한 암컷이군!

사마귀

주로 평지와 저수지 주변의 초원 지대에서 서식하며 주행성으로 나뭇가지나 잡초 위에서 먹이를 기다린다. 주로 작은 곤충을 잡아먹지만 때로는 개구리나 도마뱀과 같은 척추동물을 먹기도 한다. 의태가 발달해 주변 환경에 따라 몸 빛깔을 변화시킨다.

판결을 내리겠습니다. 토드넘 군의 잘못으로 사마귀가 사라져 버린 것은 아니라는 게 밝혀졌습니다. 브리즈 군의 지금 심정을 생각하면 유감이지만, 짝짓기 전에 좀더 알아보아야 했다고 충고합니다. 토드넘 군의 암컷 사마귀가 낳은 알이 성충이 되면 브리즈 군에게 선물하는 것도 오늘의 다툼을 말끔히 씻어 버리는 방법이라고 생각합니다.

귀뚜라미의 잘려진 다리

귀뚜라미가 몸의 일부를 스스로 끊어 버리는 이유는 무엇일까요?

과학공화국의 바쁘니 병원은 곤충 병원 중에서는 최고로 손꼽히는 병원이었다. 최근 들어 집에서 곤충을 키우는 사람들의 수가 늘어나면서 곤충 병원의 수 역시 늘어나고 있었으니, 한결 같은 바쁘니 병원의 명성은 그만큼 빛나는 일이었다.

바쁘니 곤충 병원에는 오늘도 손님이 가득했다. 그중에서도 가장 초조한 표정으로 안절부절못하고 있는 손님이 있었으니, 그는 바로 한소심 씨였다.

한소심 씨는 자신이 무척이나 아끼는 귀뚜라미인 포올짝을 넣은 케이스를 들고 자신의 순서가 오길 초조하게 기다리고 있었다.

"한소심 씨, 들어오세요."

40여 분을 기다리고서야, 한소심 씨의 이름이 불렸다. 그는 이제야 조금 안심이 되는 듯한 표정으로 귀뚜라미가 든 케이스를 살포시 안고는 조심스레 들어갔다.

한소심 씨가 설명했다.

"의사 선생님, 우리 포올짝이 어떡해요? 옆집 꼬마가 심하게 장난쳐서 우리 포올짝이의 다리를 잘라 버린 거예요. 아무래도 지금 당장 수술해야겠지요? 여기 잘린 다리도 가지고 왔어요."

의사가 말했다.

"한소심 씨, 수술 예약 환자가 너무 많아서 오늘 당장은 힘들 것 같군요. 아무래도 수술은 내일로 미뤄야 할 것 같습니다. 대신 오늘은 입원시켜 놓고 돌아가도록 하십시오."

한소심 씨가 얼굴을 일그러뜨리며 말했다.

"그래도 괜찮을까요? 내일 수술하면 너무 늦지는 않을까요?"

의사가 곧장 간호사를 불렀고, 한소심 씨는 귀뚜라미 케이스를 들고 입원 수속을 밟았다.

그날 밤, 한소심 씨는 포올짝이 걱정에 한숨도 자지 못했다.

한소심 씨는 포올짝이가 수술을 받기 전에 한번 더 봐 두고 싶었다.

"의사 선생님, 우리 포올짝이 괜찮겠지요? 아무래도 수술 전에 꼭 한번 만나 봐야 할 것 같아요."

간호사가 한소심 씨를 입원실로 데려가서는 침대에 누워 있는 포올짝이를 보였다. 그런데 어제 분명히 포올짝이를 침대에 눕히면서 잘린 다리를 올려놓았는데, 그 다리가 보이지를 않았다.

한소심 씨가 당황하여 말했다.

"의사 선생님, 우리 포올짝이의 잘린 다리는 다른 곳에 두셨나요?"

의사가 포올짝이를 손으로 들며 말했다.

"그 침대 위에 함께 올려 두라고 했는데요. 어, 어디 갔지?"

한소심 씨가 놀라 소리쳤다.

"예? 우리 포올짝이 다리가 어디 갔냐니요?"

의사가 난감한 얼굴로 말했다.

"큰일이네. 수술을 해야 하는데."

한소심 씨는 정신을 차릴 수가 없었다.

"아니, 우리 포올짝이의 다리, 어쩌셨어요!"

한소심 씨는 이제 영영 한쪽 다리로만 살아야 할 포올짝이를 생각하고는 거의 기절한 지경이었다. 눈물도 나질 않았다.

"도대체 어떻게 된 일입니까? 우리 포올짝이를 위해서라도 가만있지 않을 거예요."

한소심 씨는 그길로 바쁘니 곤충 병원을 뛰쳐나가서는 생물법정을 향해 달려갔다. 그러고는 당장에 바쁘니 곤충 병원을 고소하기에 이르렀다.

귀뚜라미는 다리를 다치거나 적에게 잡히면 자신의 다리를
끊어 버립니다. 이것을 '자절'이라고 하지요.
그런데 귀뚜라미와 잘라진 다리를 함께 두면 감쪽같이 사라집니다.
귀뚜라미는 잘라진 자신의 다리를 먹어버리거든요.

귀뚜라미의 잘린 다리는 어디로 사라졌을까요?
생물법정에서 알아봅시다.

판결을 시작합니다. 원고 측 변론하세요.

이번 사건은 명백한 의료 사고입니다. 곤충 병원이 갑자기 많아지면서 의료 체계가 정립되지 않은 틈에 벌어진 일이라고 대충 넘어갈 수 없는 일입니다. 이번 일을 계기로 곤충 병원들의 의료 체계도 세워야 한다고 생각합니다.

좀 확대 해석한 게 아닙니까?

절대 그렇지 않습니다. 환자의 수술을 미룬 것도 모라라 수술해 붙일 다리까지 잃어버린 상황입니다. 게다가 한소심 씨에게 포올짝이는 보통 귀뚜라미가 아니지 않습니까?

아마 생치 변호사가 귀뚜라미에 대해 더 자세히 알게 되면 그 주장이 지나치다는 것을 인정하게 될 것입니다. 판사님, 곤충학회 부회장으로 계신 김척척 박사님을 증인으로 요청합니다.

김척척 박사가 증인석에 앉았다.

박사님, 귀뚜라미에 대해 제가 문의 드렸을 때 해 주신 설명

을 이 자리에서 다시 한번 해 주시겠습니까?

귀뚜라미라는 녀석은 다리를 다치거나 적에게 잡히면 자기 다리를 끊어 버립니다. 이걸 우리는 '자절'이라고 하지요.

그렇다면 다리 잘린 귀뚜라미와 그 잘린 다리를 한곳에 놓으면 어떤 일이 일어날까요?

하하하, 다친 귀뚜라미랑 그 귀뚜라미의 다리를 한곳에 둔다고요?

그렇지요.

당연히 감쪽같이 사라질 수밖에요.

예?

귀뚜라미가 먹어 치워 버릴 테니, 귀뚜라미의 다리는 감쪽같이 사라질 테지요.

예? 자기 다리를 먹어 치운다고요?

그렇습니다.

맙소사, 어떻게 그런 일이.

물론 귀뚜라미의 끊어진 다리는 재생되지 않지만, 나머지 다리로도 걸을 수 있고 날아다니는 데 지장이 없으니 불편을 느끼지 않습니다.

그렇다면 포올짝이의 사라진 다리는 포올짝이의 배 속에 있단 말이군요.

자절

자신의 몸의 일부를 스스로 절단하여 생명을 유지하려는 현상으로, 무척추동물에 많고 곤충류와 척추동물의 도마뱀 등에서 볼 수 있다. 자절은 재생력이 강해 대개 자절돼 없어진 기관은 시간이 지나면 재생된다. 또, 자절을 통해 개체의 수를 늘리려는 경우 이를 생식 자절이라고 한다.

그렇지요.

어떻습니까? 판사님, 한소심 씨는 포올짝이의 다리가 없어진 것을 바쁘니 동물 병원의 탓이라고 하지만, 사실 포올짝이가 한 짓이었습니다.

맙소사, 생각만 해도 끔직해.

허허, 정말 벌레들이란 신기하군요! 자신의 다리를 먹다니. 그럼 판결합니다. 이번 사건에 대해 바쁘니 동물 병원에서는 그 어떤 의료 책임도 없습니다.

오래 살아 장수하늘소, 힘이 세서 장수하늘소

장수하늘소는 왜 장수하늘소라 부를까요?

하늘소 수집가인 더부룩 씨는 어릴 때 굉장히 소심한 아이였다. 또래 친구들과 어울려 밖에서 노는 것보다 집 안에서 혼자 노는 것을 더 좋아했다. 그런 더부룩을 지켜보던 그의 아버지가 어느 날은 함께 산책을 가자고 했다.

"더부룩아, 이렇게 밖에 나오니까 좋지 않니?"

그러나 더부룩은 입을 오리처럼 쭉 내밀고 아무런 대꾸도 하지 않았다. 그의 아버지는 어떻게 하면 더부룩이 바깥에서 지내는 일에 관심을 가지도록 할 수 있을까 하고 이리저리 궁리해 보았지만 별 뾰족한 수가 떠오르지 않았다. 더부룩은 여전히 그의 아버지 발치에 서 있을 뿐 혼자 떨어져 놀지 않았다.

더부룩의 아버지는 그의 하는 양을 보며 한숨을 내쉬었다. 그때 마침 그의 눈에 나뭇잎 뒤에 붙어서 쉬고 있는 하늘소가 띄었다. 그가 하늘소를 잡아서 더부룩에게 슬쩍 내밀었다.

"더부룩아, 이건 하늘소란다."

더부룩이 신기하다는 듯이 하늘소를 바라보았다.

"하늘소?"

더부룩의 눈에 하늘소는 굉장히 도도한 자태를 뽐내고 있었다.

'흥, 뭐야 너도 나한테 반했구나? 자, 이 하늘소님의 매력 속으로 빠져 봅시다!'

마치 하늘소가 자기에게 말을 거는 것처럼 느껴졌다.

그날 이후 더부룩은 하늘소만 보면 어떻게든 꼭 손에 넣어야만 직성이 풀렸다. 그렇게 하늘소를 한 마리씩 한 마리씩 수집하다 보니 더부룩은 어느 새 20여 마리의 하늘소를 갖게 되었다.

더부룩 씨는 20여 마리의 하늘소를 자신이 직접 제작한 하늘소의 집에다 넣어서 키우고 있었다. 그중에서 그가 가장 유심히 지켜보는 하늘소가 있었는데, 그것은 바로 장수하늘소였다.

처음 장수하늘소를 잡았을 때 더부룩 씨의 기쁨은 이루 말로 표현할 수가 없을 정도였다.

"이야, 이게 바로 장수하늘소라 이거지. 좋아, 좋아. 가만, 그런데 이 녀석이 대체 얼마나 오래 살기에 이름이 '장수' 하늘소일까? 좋아, 오늘부터 장수하늘소가 하늘소보다 얼마나 오래 사는지 관찰해 봐야겠는걸."

더부룩 씨는 그렇게 해서 유독 장수하늘소에 대해 관찰하게 되었고, 정을 들이게 되었다.

"아이고, 이 귀여운 것. 그래, 오래오래 건강하렴. 나랑 같이 검은 머리 파뿌리 될 때까지 살자꾸나."

그러던 어느 날, 여느 때처럼 장수하늘소에게 밥을 주기 위해 하늘소 집을 살피는데 그처럼 아끼던 장수하늘소가 죽어 있었다.

"이럴 순 없어. 장수하늘소가 죽다니, 흑흑."

하늘소를 잃은 슬픔에 빠져 있던 더부룩 씨는 뭔가 이상하다고 생각했다. 곰곰이 따져 보니 장수하늘소의 수명이 하늘소의 수명과 비슷했던 것이다.

더부룩 씨는 뭔가 속은 느낌이 들었다. '장수' 하늘소라면 하늘소보다 분명 더 오래 살 것이라 생각했는데, 그의 예상은 완전히 빗나가 있었다. 더부룩 씨는 장수하늘소의 이름이 잘못되었다고 생각했다. 그런 생각까지 들자 가만 있을 수 없었던 더부룩 씨는 곧장 생물법정을 찾았다. 곤충 이름 연구소를 상대로 소송을 걸어 장수하늘소의 이름이 잘못되었는지 아닌지 밝혀 줄 것을 요구했던 것이다.

천연기념물 218호로 지정되어 있는 장수하늘소는
왜 장수하늘소일까요? 장수하늘소의 '장수'란 오래 산다는
것보다는 덩치가 크고 힘이 세다는 의미에 더 가깝습니다.

장수하늘소라고 부른 이유는 오래
살아서일까요, 힘이 세서일까요?
생물법정에서 알아봅시다.

재판을 시작하겠습니다. 더부룩 씨 측, 변
론하세요.

더부룩 씨의 장수하늘소에게 애도의 뜻을
전합니다. 더부룩 씨뿐 아니라 장수하늘소 역시 자신의 이름
에 대해 자부심을 가지고 있었을 것입니다. 만약 곤충 이름
연구소가 그 역할을 제대로 수행했다면 좀 달랐을 테지요. 더
부룩 씨가 모은 하늘소들이 들으면 슬퍼할 말이지만 그 독특
한 이름 때문에 장수하늘소에 대한 관심이 남달랐던 것 아닙
니까? 단지 이름 때문에요.

생치 변호사, 이름 때문이라면 더부룩 씨가 잘못 이해해서 생
긴 일이 분명해집니다. 장수하늘소라는 이름이 하늘소에 비
해 오래 산다고 해서 붙여진 게 아니거든요.

오해라고요? 장수하늘소의 '장수'가 오래 산다는 의미가 아
니란 말입니까?

장수하늘소에서 '장수'란 덩치가 크고 힘이 세다는 의미입니
다. 하늘소들은 대개 낮에는 나무 위쪽이나 나뭇잎 뒤에서 쉬
고 밤이 되면 아래로 내려와 활동합니다.

그거야, 나도 잘 알고말고요. 초식성으로 나무를 근거로 살면서 삼림에도 도움이 되는 곤충 아닙니까?

으흠, 삼림에 도움을 주는 곤충은 아니지요. 하늘소는 나무속을 파 먹고 거기에 알을 낳습니다. 도리어 삼림을 해치는 곤충이지요.

생치 변호사, 잘못된 지식을 전달하는 것은 법정에 대한 모독입니다. 주의해 주세요.

네.

장수하늘소

몸길이가 수컷은 66~100mm, 암컷은 60~90mm로, 동아시아 최대의 하늘소이다. 수령이 오래된 서어나무, 참나무, 상수리나무 등이 있는 극히 제한된 지역의 숲에서 서식한다. 수컷 3~4마리가 모여 서로 상대방을 물어 죽여 가장 힘에 센 수컷이 암컷과 짝짓기에 성공한다. 날 때에는 날개 부딪히는 소리를 들을 수 있다.

장수하늘소는 한국에서 천연기념물로 지정하여 보호되고 있습니다. 장수하늘소의 '장수'는 오래 산다는 뜻의 장수가 아니라 힘이 센 군인이라는 뜻의 장수입니다. 그만큼 많이 발견되지 않기 때문에 보호하는 것이라면 말입니다.

장수하늘소라는 이름에 애매한 점이 있지만, '이름을 붙인다'는 의미는 누구도 함부로 할 수 없는 일입니다. 애초의 이름을 존중하면서 재미있는 별칭을 붙이는 것은 어떨까요? 장수하늘소의 별칭, '힘센하늘소'라고 말입니다.

사라진 반딧불이 빛

반딧불이의 배 끝부분에 있는 발광 기관에서는 어떻게 빛이 날까요?

과학공화국의 서쪽에 위치한 라이트 마을은 반딧불이가 많기로 유명했다. 그래서 작고 깨끗한 이 마을을 찾는 도시 사람들도 많았다. 라이트 마을 사람들도 자기 마을의 반딧불이를 자랑스러워했으며, 해마다 따로 날을 받아 축제를 벌이기도 했다. 이 축제의 이름은 '반딧불이 대축제'. 가장 잘 깜빡거리는 반딧불이를 잡는 행사였다. 올해로 벌써 여섯 번째 축제가 열릴 예정이었다.

나승리 씨는 라이트 마을에 갓 이사 온 새댁이었다. 나승리 씨는 이사 온 첫날 처음으로 반딧불이를 보게 되었다. 그리고 그 신비한

매력에 푹 빠져 지내고 있었다.

어느 날 옆집에서 미용사를 하는 윤뽀미 씨가 찾아왔다.

"일주일 뒤에 우리 마을에서 반딧불이 축제 하는 건 알아요? 가장 잘 깜빡거리는 반딧불이를 잡는 행산데."

나승리 씨가 얼굴을 빛내며 대꾸했다.

"반딧불이 축제라고요?"

윤뽀미 씨는 행사의 경품에 관심이 가는 듯했다.

"글쎄, 일등 상품으로 최고 한류 스타 반사마의 팬미팅 초대권을 준다지 뭐예요?"

반딧불이에 푹 빠져 있던 나승리 씨도 꼭 참여하고 싶었다.

'그래, 결심했어. 왠지 예감이 좋은데, 후훗.'

하지만 나승리 씨는 반딧불이에 대해 잘 몰랐다. 그저 가장 잘 깜빡이는 반딧불이를 잡는 사람이 이기는 행사이니, 반딧불이를 하나 잡아서 그 반딧불이에서 예쁜 빛들이 나오게 하면 되겠다, 하고 생각할 뿐이었다.

나승리 씨는 며칠 동안 마을 들판을 돌아다닌 끝에 밝게 빛을 내고 있는 반딧불이 하나를 잡았다. 그러고는 어떻게 하면 우승할까 한참을 고민하다가 윤뽀미 씨를 찾아갔다.

"뽀미 씨, 나도 대회에 출전하려고 해요. 그런데 어떻게 하면 반딧불이가 잘 깜빡이게 할 수 있을까요?"

윤뽀미 씨가 생각을 가다듬는 듯한 표정을 짓더니 대답했다.

"음, 이런 방법은 어때요? 반딧불이의 마디마다 다른 색을 칠해서 화려하게 만드는 거예요. 그럼 더 예쁘게 반짝이지 않을까요?"

나승리 씨는 좋은 아이디어라고 생각했다.

"그럼, 내가 잡은 이 반딧불이에 색을 좀 칠해 주시겠어요?"

나승리 씨는 윤뽀미 씨에게 자신의 반딧불이를 맡겼다.

'반딧불이 대축제' 날.

나승리 씨는 자신의 반딧불이가 가장 멋지게 빛날 것을 확신하고 있었다. 그리고 어둑해지자 대회가 시작되었다.

그런데 이게 웬일인가? 나승리 씨의 반딧불이만 빛을 뿜지 않는 것이었다. 나승리 씨는 무척 당황했고, 결국 허탈하게 탈락하고 말았다.

집에 돌아온 나승리 씨는 생각에 잠겼다. 분명 예쁘게 빛을 발하던 반딧불이가 왜 갑자기 빛이 발하지 않는 것일까? 곰곰이 생각하던 나승리 씨는 윤뽀미 씨에게 반딧불이를 맡겼던 일을 떠올렸다. 이웃을 의심하면 안 된다는 것을 알지만 대회에서 승리할 꿈에 젖어 있던 터라 정작 탈락하자 상심이 커서 어떻게든 원인을 밝히고 싶었던 것이다. 결국 끙끙대던 나승리 씨는 생물법정에 판결을 의뢰했다.

반딧불이는 배의 아래쪽 두세 마디에 빛을 내는
발광 기관이 있습니다. 이 발광 기관이 막히면
산소가 공급되지 못해 빛을 내지 못합니다.

반딧불이는 어떻게 빛을 발할까요?
생물법정에서 알아봅시다.

🧑‍⚖️ 판결을 시작합니다. 피고 측 변론하세요.

😀 피고 윤뽀미 씨는 나승리 씨의 우승을 도왔
을 뿐입니다. 다들 아시겠지만, 화려한 빛
을 만들어 내기 위해 전구에 색을 칠하기도 하고 셀로판지를
붙이기도 합니다. 그것처럼 윤뽀미 씨 역시 그런 장치를 반딧
불이에 해 주었을 뿐입니다. 사건의 정황으로 보아 나승리 씨
가 대회에 참가하는 반딧불이를 잘 돌보지 않아서 생긴 일을
도리어 윤뽀미 씨에게 떠넘기는 듯이 보입니다.

😀 나승리 씨가 이 마을로 이사 온 지 얼마 안 되어 반딧불이에
대해 모르고 있었다고 했습니다만, 윤뽀미 씨 역시 반딧불이
의 특징을 모르고 있었습니다. 만약 알았다면 이런 일은 없었
을 겁니다.

😀 윤뽀미 씨는 이 마을에서 꽤 오랫동안 살았습니다. 윤뽀미 씨
가 모르는 반딧불이의 특성이 뭐란 말입니까?

😀 음, 그건 제가 설명하는 것보다 '반딧불이 대축제'의 총책임
자이신 도레미 의장에게서 듣는 게 좋겠군요. 판사님, 증인
요청합니다.

좋습니다. 인정하겠습니다.

서른 정도 되어 보이는 도레미 씨가 헐레벌떡 뛰어 들어
왔다.

의장님, '반딧불이 대축제' 의 의장을 맡고 계신 만큼 반딧불
이에 대해 모르는 게 없다고 들었습니다. 이 자리에 특별히
와 주셔서 감사합니다.

아, 제가 영광이군요. 그런데 뭘 물어보고 싶으신 건지?

이번 대회 참가자가 반딧불이의 불빛을 아름답게 하기 위해
반딧불이에 여러 가지 색을 칠했다고 합니다. 그런데 그 다음
부턴 반딧불이가 빛을 발하지 않는다는군요. 그 이유에 대해
묻고 싶습니다.

반딧불이에 색을 칠했다고요?

네, 더 예쁜 빛을 내고 싶어서였답니다.

맙소사, 그러니 빛을 내지 않을 수밖에요.

예?

반딧불이는 배의 아래쪽 두세 마디에 빛을 내는 발광 기관이
있어요.

발광 기관이요?

네, 거기의 세포들이 루시페린과 루시페라아제를 만들어 내지

요. 그리고 여기에 산소가 공급되어 아데노신삼인산이 만들어
지면 이것과 루시페라아제가 결합하여 빛을 내게 됩니다.

조금만 더 쉽게 설명해 주세요.

으흠. 간단히 생각하자면, 색을 칠하는 바람에 산소가 공급되
는 구멍이 막힌 것 같습니다. 빛을 내는 데 중요한 역할을 하
는 산소가 공급되지 않았으니 빛을 내지 못했던 거지요.

아하, 그렇군요.

반딧불이의 빛에 대해 설명을 덧붙이자면, 마찰열이 아니기
때문에 뜨겁지 않고 서늘합니다. 게다가 반딧불이는 빛을 내
는 효율이 100퍼센트에 가깝기 때문에 완전 고효율의 빛이라
볼 수 있습니다.

의장님께 감사드립니다. 덕분에 해결점
을 찾을 수 있을 것 같습니다.

판결하겠습니다. 윤뽀미 씨는 반딧불이
가 빛을 내는 생리적 원리를 알고 있었
더라면 결코 색을 칠한다거나 하지 않
았을 것입니다. 그저 나승리 씨의 반딧
불이가 우승하길 바라는 마음으로 그랬
던 것인데 전혀 생각지 않았던 결과를
냈던 것으로 보입니다. 윤뽀미 씨의 행동이 고의가 아님을 감
안하여 둘 사이의 오해를 푸시길 바랍니다.

> **반딧불이**
>
> 개똥벌레라고도 하며 배 말단에서
> 빛을 낸다. 빛을 깜빡이는 것은 교
> 미를 하기 위한 신호로 암·수 모두
> 혹은 암컷이 빛을 통해 암·수컷을
> 유인한다.
> 반딧불이 애벌레의 먹이인 다슬기
> 는 청정수에서만 생존하며 따라서
> 다슬기를 먹고 사는 반딧불이도 청
> 정한 지역에서만 볼 수 있다.

장수풍뎅이

장수풍뎅이는 풍뎅이의 한 종류로, 몸길이는 35~55mm이고, 몸 전체를 갑옷같이 딱딱한 껍질이 덮고 있습니다. 수컷은 머리와 가슴에 큰 뿔이 있고 암컷은 수컷에 비해 몸이 좀 작습니다.

주로 떡갈나무나 상수리 나무에서 살면서 나무진을 빨아먹습니다. 성충은 여름에 나타나 짝짓기를 하고 짝짓기를 한 암컷은 흙 속에 들어가 알을 낳지요. 알에서 깨어나 애벌레가 되고 여러 번 껍질을 벗은 후에 번데기가 되고 번데기 상태로 한동안 흙속에서 지내다가 1년쯤 지나 성충이 되어 땅 위로 나옵니다.

사마귀

몸길이가 70~82mm 정도로, 몸의 빛깔은 황갈색 또는 녹색을 띱니다. 더듬이가 길고 앞가슴의 어깨가 발달해 있습니다. 독특하게도 앞다리의 모양이 낫처럼 생겼습니다.

무당벌레

몸길이가 약 7mm 정도 되는 곤충입니다. 몸의 모양은 반구형이고, 곁눈을 제외한 머리의 등 쪽은 노란색에서 검은색까지 여러 가지이고 광택이 납니다. 식물의 진을 빨아먹고 사는 진딧물을 하루에 100마리 정도 잡아먹습니다.

하늘소

하늘소는 낮에는 나무 위쪽 나뭇잎 뒤에서 쉬고 밤이 되면 아래로 내려와 활동합니다. 나무속을 파 먹고 그 속에 알을 낳습니다.

사슴벌레

사슴벌레는 뿔이 사슴 뿔을 닮았다고 해서 붙여진 이름입니다. 크기는 43~72mm 정도입니다. 6월에서 9월까지 볼 수 있으며, 수명은 1년 정도입니다. 보통 참나무 숲에서 살고, 유충은 1내지 2년 동안 너도밤나무를 파먹고 자랍니다. 성충으로 3~4개월 정도 삽니다.

곤충은 어떻게 울음소리를 낼까요?

곤충들은 사람처럼 소리를 내어 우는 게 아니라 날개나 몸의 다른 부분을 비벼 대어 소리를 만듭니다. 날개로 소리를 낼 때는 펼칠 때가 아니라 오므릴 때 날개를 비벼 냅니다. 빨리 비비면 높은 음이 나오고 천천히 비비면 낮은 음이 나오지요.

울음소리를 내는 곤충을 열거해 보면, 여름 곤충으로는 여치, 풀무치, 베짱이, 풀벌레가 있고, 가을 곤충으로는 귀뚜라미가 있습니다.

곤충의 울음소리는 정보를 교환하는 수단으로 사용됩니다. 곤충의 종류나 처한 상황에 따라 그 소리도 다릅니다. 베짱이나 귀뚜라미는 주로 밤에 울음소리를 내지만 풀무치는 주로 낮에 웁니다. 어떤 베짱이와 귀뚜라미는 한 마리가 울기 시작하면 주위에서 합창을 하기도 하지요.

160

여러 가지 벌레에 관한 사건

뭐 거품이래?

으샤

컬러 실크의 비밀

누에에서 고치실을 뽑으려면 어떻게 해야 할까요?

사건속으로

과학공화국 동쪽에 있는 바리 시는 패션의 도시로 유명했다. 그리고 패션의 도시라는 명성에 걸맞게 많은 양의 섬유를 수출하고 있었는데, 그중 대표적인 것이 실크였다. 이곳의 실크는 다른 곳과 비교도 안 될 만큼 아름답고 부드러워서 실로 으뜸이라 할 수 있었다. 그러다 보니 많은 나라에서 수입하기를 원했고 바리의 실크를 연구하기 위해 다른 도시에서 온 유학생들도 많았다. 이 덕에 바리에서는 실크 회사가 핵심 산업이 되었다. 많은 실크 회사가 있었지만 공정한 경쟁 체제로 서로 긍정적인 발전을 하고 있었다.

그러던 어느 날, 새로 입주한 작은 실크 회사에서 새로운 컬러 실크를 개발했다고 발표했다. 이 실크 회사는 '뉴칼라 회사'로, 핑크색의 실크를 내놓았다. 신문과 텔레비전에서 '새로운 컬러 실크 개발'이라는 기사가 실렸다. 하지만 새로 입주한 작은 실크 회사여서 새로운 컬러 실크 개발이 확실하지 않을 거라고 생각하는 사람들이 많았다.

그런 유명세를 타고 '핑크드림'이라는 이름으로 컬러 실크가 시중에 나오게 되었다. 핑크색의 실크, 핑크드림. 한번 본 사람은 그 색을 잊을 수가 없었다. 순식간에 사람들의 입에 오르내리며 유명해진 것은 물론이다.

"핑크드림이라는 실크를 봤어요? 그 색깔이 얼마나 고운지 말로 표현할 수 없어요."

"안 그래도 옆 집 사람이 핑크드림이 너무 아름답다고 입이 닳도록 칭찬을 하더라고요."

"어휴, 어디 그뿐이겠어요? 나는 핑크드림을 보고 나서 그날 밤 잠을 설칠 정도였는걸요. 자꾸 눈앞에 어른거려서."

일이 이쯤 되자 다른 실크 회사들은 난처하게 되었다. 갑자기 줄어든 주문량에 임금도 지불하지 못하는 회사도 생겨나기 시작했다. 그중 가장 큰 실크 회사로 명성을 자랑하던 '실크로드' 역시 핑크드림으로 많은 피해를 보았다.

"사장님 주문량이 눈에 띄게 줄었습니다. 심지어는 반품을 요구하는 곳도 있습니다."

실크로드의 사장이 도끼눈을 한 채 소리를 질렀다.

"뭐야? 흠, 그냥 보고만 있을 수 없지!"

다급해진 실크로드의 김비단 사장은 한참을 생각하다가 다른 실크 업체들과 대책 회의를 열어야겠다고 결정했다.

"지금 당장 다른 실크 회사에 연락을 하라고. 대책회의를 열어야겠어."

그리하여 실크 업체들이 모여 긴급 대책 회의를 열게 되었다.

"뉴칼라회사인지 올드칼라회사인지 지금 한창 잘나간다지요."

"휴, 우리 회사도 요즘 핑크드림에 밀려서 주문량이 확연히 줄었습니다."

"아니, 대체 그런 제품을 만드는 게 가능한 말이오?"

"어떻게 누에에서 핑크색의 명주가 나옵니까? 이건 분명 사기예요. 사기!"

"맞소, 내 평생 실크 회사를 운영했지만 누에에서 핑크색의 명주가 나온다는 말은 처음 들었소. 말도 안 되는 일이오."

실크 업체들은 저마다의 어려움을 이야기하며 뉴칼라 회사의 핑크드림은 가짜라고 결론 내렸다. 그들의 주장인즉, 핑크드림은 명주에 분홍색 염색을 했다는 것이다. 그들은 생물법정에 뉴칼라 회사를 고소했다.

누에를 키울 때 색소 사료를 주면 누에는 그 몸 전체가
사료로 먹은 색소의 색으로 변하게 되고, 똥뿐만 아니라
누에의 입에서 나오는 실의 색도 그 색으로 변하게 됩니다.

여기는 생물법정

누에로부터 컬러 실크를
만들어 낼 수 있을까요?
생물법정에서 알아봅시다.

흠흠, 재판을 시작합니다. 원고 측 변론하
세요.

판사님, 실크 옷을 가지고 계십니까?

생치 변호사, 지금 나를 무시하는 거요. 내가 비록 판사이다
보니 늘 까만 옷을 입고 법정에 서기는 하지만, 나도 예쁜 옷
들이 많단 말이오. 실크 옷이 왜 없겠소.

그럼 그 옷은 무슨 색입니까?

당연히 노란색이지요.

그렇지요. 그런데 이번에 뉴칼라 회사에서 내놓은 실크 옷은
핑크색이라고 합니다. 보셨습니까?

아직 보지 못했습니다.

천연 실크라면 당연히 노란색입니다. 그런데 핑크색의 실크
라니, 상상으로나 가능한 일입니다. 현실적으로 불가능하다
는 말입니다. 뉴칼라 회사에서는 '누에에서 핑크색 명주가 나
와서 그걸로 실크를 만들었다' 고 주장합니다만 말입니다. 핑
크색 명주라니, 이건 분명 일반 명주실에 분홍색으로 염색을
한 것이 분명합니다.

🙂 그건 지나친 단정입니다.

😠 그럼 비오 변호사는 뉴칼라 회사의 주장을 믿는단 말이오?

🙂 기술이 이렇게 발전했는데, 누에에서 핑크색 명주가 나오는 게 불가능하다고만 할 수 없지요.

😠 그렇다면 곧이어 초록색 명주도 나오겠군요.

🙂 그럴 겁니다. 누에에서 다양한 색깔의 명주실을 뽑아낼 수 있게 될 것입니다.

😠 어떤 근거로 그런 장담을 하십니까?

🙂 일단 증인을 요청합니다. 누에 농장의 대주주이신 꿈틀이 씨를 증인으로 요청합니다.

　　꿈틀이 씨의 이름이 불리자 모두들 웃음을 터뜨렸다. 꿈틀이 씨는 사람들의 그런 반응에 인상을 살짝 찡그렸다.

🙂 꿈틀이 씨, 몇 가지 묻겠습니다. 먼저, 명주실은 어떻게 만들어지나요?

😃 누에의 입에서 실이 나오지요. 그 실을 이용해 누에고치를 짓는데, 그걸 풀면 바로 명주실이 됩니다.

🙂 뉴칼라 회사에서 핑크드림이라는 실크를 냈다고 하던데, 누에의 입에서 나온 실이 명주실이 된다면, 핑크색 실도 나올 수 있습니까?

음, 차근차근 설명하자면, 누에를 키울 때 색소 사료를 주면 누에의 몸 색이 그 색소의 색깔로 변하지요. 심지어 똥의 색도 그 색으로 변하지요.

색소 사료를 먹인단 말이죠.

그러니까 색소 사료를 먹은 누에의 몸 전체가 그 색으로 변하면, 똥뿐만 아니라 누에의 입에서 나오는 실의 색도 그 색으로 변하게 된다는 말입니다.

아하, 그럼 뉴칼라 회사에서는 누에에게 핑크 색소를 먹여 핑크색 고치가 만들어지게 한 것이군요.

이럴 수가, 그게 가능하다니. 그럼 난 파란색 실크를 만들어 달라고 부탁해 봐야겠어.

판결합니다. 누에에게 색소를 먹이면 여러 가지 색깔의 실크를 만들어 낼 수 있다는 점을 인정합니다.

으샤

칼날 위를 기어가는 달팽이

달팽이는 어떻게 몸을 이동시킬까요?

'세 마리 달팽이'는 달팽이 전문 요리로 유명한 레스토랑이었다. 점심 특선을 준비하던 주방장이 너무 예쁜 달팽이 한 마리를 발견했다.

"우와! 이 달팽이는 너무 예쁜걸! 요리하기에는 너무 아까워."

주방장은 달팽이 무리 속에서 예쁜 달팽이만 꺼내어 따로 키우기로 결심했다. 하지만 마땅히 키울 곳이 없었기 때문에 식당 주방에 그냥 두고 키웠다. '롤리'라는 이름을 지어 주고 요리를 하다가도 뛰어가 확인하는 등 꼼꼼히 챙겼다. 롤리는 주방장에게 활력소가 되었다.

하지만 주방장이 롤리를 키우는 것을 싫어하는 사람이 있었다. 주방장 보조인 세이브였다.

세이브는 일자리를 구하기 위해 이곳, 세 마리 달팽이에서 요리를 배우고 있지만 사실은 달팽이를 매우 싫어했다. 그래서 주방장만 없으면 롤리를 자신의 눈에 띄지 않는 구석에 갖다놓곤 했다. 하지만 롤리는 부지런히 기어 다녀서 금세 세이브의 눈에 띄곤 했다.

사건이 발생한 날도 세이브와 롤리의 술래잡기가 계속되었다.

"더 이상 못 참겠어! 이 따위 것이 뭐가 예쁘다고 주방장은 저 난리인 거야."

다섯 번째로 롤리가 눈에 띄자 세이브는 화가 머리 꼭대기까지 났다. 그래서 롤리를 집게로 집어서는 성큼성큼 걸어가서 칼들이 꽂혀 있는 곳 앞에 섰다. 그리고 그중에서 가장 끝에 있는 칼의 날 위에 롤리를 올려놓았다.

"이렇게 날카로운데, 요 녀석이 무슨 수로 기어 다니겠어? 흥, 두고 보자고!"

세이브는 끓이던 속이 가라앉는 기분을 느꼈다.

바로 그때였다. 갑자기 주방문이 열리더니 주방장이 들어왔다. 그러고는 비명을 질렀다.

"으악, 나의 롤리!"

주방장이 서둘러서 칼날 위의 롤리를 거두었다. 그러고는 안도의 한숨을 내쉬며 칼날보다 더 날카로운 눈빛으로 세이브를 노려

보았다. 목소리에 가시가 돋은 것처럼 한 마디 한 마디 딱딱 끊어서 말했다.

"보조! 혹시 자네가 나의 사랑스런 롤리를 칼날 위에 올려놨나?"

주방장은 기분이 좋으면 세이브라 부르고 기분이 안 좋으면 보조라고 부르곤 했다.

세이브가 대답했다.

"아니, 그게 아니라. 롤리가 자꾸 요리를 방해해서……."

주방장은 세이브가 말대답을 한다고 생각했다.

"뭐? 롤리가 요리를 방해한다고 죽일 셈이었나?"

세이브가 얼굴까지 빨갛게 되어 변명했다.

"아니에요, 죽이다니요! 롤리가 자꾸 다니면 방해도 되고 신경도 쓰이고, 저는 그저 칼날 위에서는 기어 다니지 않을 것 같아서 올려놨을 뿐이에요. 죽이려는 마음은 전혀 없었다고요."

세이브의 변명에 주방장이 말했다.

"나도 요리할 때마다 자네가 방해가 되고 신경이 쓰여. 그래서 이제부터 자네가 이 레스토랑에 안 나왔으면 좋겠어. 자넨 해고야!"

세이브는 어렵게 구한 일자리를 달팽이 한 마리 때문에 놓치는 게 너무 억울했다. 세이브는 주방장을 상대로 자신의 해고가 정당한지 부당한지에 대한 시시비비를 가려줄 것을 생물법정에 청했다.

달팽이는 날카로운 칼날 위에서도 몸을 베이지 않고
기어 다닐 수 있습니다. 그 이유는 달팽이의 몸에서 분비되는
끈적끈적한 점액이 마찰력을 줄여 주는 역할을 하기 때문이죠.

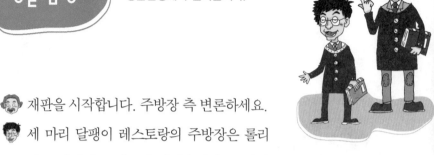

여기는 생물법정

칼날 위를 기어가는 달팽이는 죽을까요?
생물법정에서 알아봅시다.

재판을 시작합니다. 주방장 측 변론하세요.

세 마리 달팽이 레스토랑의 주방장은 롤리
라는 달팽이를 기르게 되었습니다. 주방장
이 보여 준 롤리에 대한 사랑은 각별했습니다. 그런데 감히
보조 주방장인 세이브는 어떻게 했습니까? 뻔히 주방장이 롤
리를 얼마나 아끼고 좋아하는 줄 알면서도 달팽이 롤리를 날
카로운 칼날 위에 올려놓았습니다. 죽이려 했던 겁니다. 이것
은 주방장에 대한 권위를 무시하겠다는 처사이기도 합니다.
권위를 위협당한 주방장이 그런 주방 보조를 해고하는 것은
부당하지 않습니다.

으흠, 일리 있는 말이군요. 좋습니다. 세이브 측 변론하세요.

세이브 보조 주방장은 달팽이가 기어 다니는 것을 무척이나
무서워하고 싫어했습니다. 만약 롤리가 가만있었더라면 세이
브는 그런 행동을 하지 않았을 겁니다. 달팽이가 좀처럼 가만
있질 않고 자신이 요리하는 걸 방해하자, 어떻게든 자신이 요
리하는 곳에 오지 않게 하기 위해 최후의 방법을 쓴 것입니다.

말도 안 됩니다, 판사님. 칼날 위에 올려놓았다는 것은 벌써

충분히 달팽이를 죽이겠다는 의사가 표현되어 있는 것이라고
볼 수 있습니다.

달팽이는 칼날 위에서도 기어 다닐 수 있는데, 어떻게 달팽이
를 올려놓았다는 것만으로 죽이겠다는 의사를 나타낸 거란
말입니까!

칼날 위에서 달팽이가 어떻게 기어 다닌단 말입니까!

으흠, 두 분 모두 진정하십시오. 비오 변호사, 칼날 위에서도
달팽이가 기어 다닐 수 있다고요?

네, 판사님. 물론입니다. 달팽이는 온몸을 구성하는 세포를
이동시켜 움직입니다. 자기 몸무게가 분산되는 칼날 위에서
도 충분히 기어 다닐 수 있습니다.

말도 안 돼. 그리 날카로운 칼날 위에서 어떻게…….

판결합니다. 달팽이의 몸에서 분비되는 끈적끈적한 점액은
마찰력을 줄여 주는 역할을 하기 때문
에 달팽이는 아무리 날카로운 칼날 위
를 기어도 죽지 않습니다. 그리고 죽일
의도였다면, 세이브 씨가 왜 굳이 주방
장이 언제 들어올지도 모르는 부엌에서
그런 만행을 저질렀겠습니까? 그러므
로 세이브 씨의 행위는 정당하다고 판
결합니다.

 달팽이

달팽이류는 이동력이 약해 지역에
따라 종류와 성격이 다르다. 보통
달팽이는 암수가 한 몸에 있지만,
짝짓기를 할 때는 다른 달팽이에게
서 정자를 얻는 습성이 있다. 달팽
이는 온도나 습도에 민감하여, 주변
환경이 갑자기 변화될 경우 끈끈한
점액을 분비해서 환경이 좋아질 때
까지 동면에 들어간다.

지렁이와 소금

지렁이는 왜 소금에 약할까요?

과학공화국 서쪽에 있는 핑그스 마을은 산골짜기에 위치하고 있었다. 그 마을은 산골짜기에 있다보니, 여러 동물들이 어렵지 않게 만날 수 있었다. 특히 그곳에 많은 것이 바로 지렁이였다. 그래서 그런지 핑그스 마을에 대한 사람들의 인식이 그다지 좋지 않았다.

핑그스 마을에서 가장 오래 산 사람이라고 한다면, 누가 뭐래도 일흔여덟의 실버 할아버지였다. 실버 할아버지는 핑그스 마을에서 태어났고, 단 한 번도 마을을 떠난 적이 없었다. 실버 할아버지 역시 마을에 있는 많은 지렁이를 탐탁지 않게 여겼다. 다른 동물들이야 있어도 그만 없어도 그만이지만, 지렁이만은 제발 없었으면 하고 빌 정도였다.

그런데 그 와중에 지렁이를 연구하는 지렁 탐사대까지 결성되었으니, 할아버지의 지렁이에 대한 거부감은 더욱 커져만 갔다.

하루는 길을 지나던 실버 할아버지와 지렁 탐사대가 마주쳤다.

"이봐, 지렁 탐사대 친구들."

지렁 탐사대가 할아버지에게 공손하게 대답했다.

"네, 할아버지."

할아버지가 말했다.

"자네들이 오고서부터 말이지. 지렁이들이 더욱 늘었어. 안 그래도 지렁이가 많은 마을인데 말일세. 아, 지렁이라면 이제 진절머리가 날 지경이야. 그러니 지렁 탐사대 자네들도 마을을 떠나 주게."

지렁 탐사대는 난처했다.

"할아버지 왜 그렇게 지렁이를 싫어하시죠? 지렁이가 얼마나 귀여운데요."

할아버지가 기겁을 하며 말했다.

"귀엽다고? 자네들에게는 그럴지 몰라도 내가 보기엔 그저 징그럽기만 해. 내가 원래 비위가 좀 약해서 말이지. 어렸을 때부터 기어 다니는 개미만 봐도 픽 쓰러지곤 했어."

지렁 탐사대는 대꾸할 말이 없었다.

"그렇지만 할아버지……."

할아버지의 말이 계속되었다.

"두말할 것 없네. 어서 이곳을 떠나 주게."

지렁 탐사대가 표정이 굳어지면서 그럴 수 없다고 단호히 말했다.

"그럴 수 없어요."

그렇다고 그에 질 실버 할아버지가 아니었다.

"그럴 수 없다고? 좋게 말해서는 안 되겠군. 우리 마을에서 썩 나가게!"

할아버지가 흥분하자 지렁 탐사대는 일단 자리를 피하기로 했다.

"할아버지, 많이 흥분하신 것 같네요. 그럼 저희는 지렁이에 대해 탐사해야 할 게 많아 이만 가 보겠습니다."

"그럼요. 사나이가 칼을 뽑았으면 두부라도 잘라야죠. 저희는 일이 끝나기 전에는 이곳을 떠나지 않을 거예요."

실버 할아버지는 지렁 탐사대가 자신의 말을 들어주지 않자 더욱 화가 났다.

'이런 고얀 녀석들 같으니. 내가 어디 가만있나 보자.'

집에 돌아온 실버 할아버지는 꿈틀대며 집 앞을 지나고 있는 지렁이들을 보자 화가 머리끝까지 치밀었다.

"아, 보기 싫다. 저리 가. 아예 사라져 버려!"

할아버지는 막 화를 내며 지렁이들을 향해 소금을 뿌려 대기 시작했다. 정신없이 소금을 뿌려 대고 나자, 그제야 속이 좀 풀리는 듯했다.

그러고는 며칠이 지났다. 놀랍게도 실버 할아버지 집 근처의 지렁이들이 모두 죽어 있었다.

지렁 탐사대는 당황했다. 까닭 없이 지렁이들을 죽인 할아버지가 원망스러웠다. 결국 지렁 탐사대는 실버 할아버지를 상대로 생물법정에 고소를 하였다.

지렁이에게 소금을 뿌리면 삼투압 현상에 의해 체내에 있는 수분이 농도가 높은 바깥쪽으로 빠져나오게 됩니다. 체내의 수분이 자꾸 몸 밖으로 빠져나와 버리면 지렁이는 살 수 없습니다.

지렁이는 소금에 어떤 반응을 보일까요?
생물법정에서 알아봅시다.

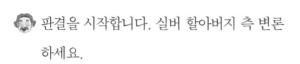

🧑 판결을 시작합니다. 실버 할아버지 측 변론
하세요.

😎 실버 할아버지는 태어나서부터 이 마을을
벗어난 적이 없을 정도로 마을 사랑이 지극합니다. 이런 할아
버지를 법정에 세우다니 지렁 탐사대의 예의에 벗어난 행동
이 더욱 문제 삼을 일이라고 생각합니다.

🧑 본 법정에서 가려야 할 문제는 실버 할아버지가 고의로 지렁
이들을 죽인 것인가입니다.

😎 할아버지는 지렁이를 죽일 의도가 있었더라도 실천할 만한
방법을 몰랐습니다. 만약 그 방법을 알았더라면, 분명 옛날에
벌써 써 보았을 겁니다. 할아버지의 집 주변에 지렁이들이 죽
어 있었던 것은 할아버지와 상관없는 일입니다.

🧑 과연 그럴까요?

😎 의심하시는 겁니까?

🧑 사건의 정황을 살펴보면, 실버 할아버지는 며칠 전 화풀이로
집 주변에 소금을 뿌렸습니다. 지렁이가 꿈틀거리는 것이 보
기 싫어서 말이지요.

설마 그 소금이 지렁이들을 죽였다고 말씀하시는 겁니까?

으흠, 증인 요청하겠습니다. 페로이샤 대학교 생물학과 교수 님이신 도문어 교수님을 증인으로 요청합니다.

도문어 교수가 덤덤한 표정으로 증인석에 앉았다.

교수님, 제가 방금 소금이 지렁이들을 죽게 했다고 말했는데, 제 말이 맞습니까?

네, 맞습니다.

지렁이류

흙 속이나 늪·호수·지하수·동 굴·해안 등에 널리 분포한다. 지렁 이류의 가장 큰 특징은 몸통의 환절 (체절구조)이다. 이 환절 또는 체절 에는 외부 기관뿐 아니라 대부분의 내부 기관이 들어 있다.

지렁이류는 유기물이 섞인 흙이나 찌꺼기, 또는 땅 위의 식물성 찌꺼 기를 삼켜 먹는다. 지렁이는 피부 호흡을 하기 때문에 비 온 뒤 아침 에는 땅 위로 올라온 지렁이의 모습 을 볼 수 있다.

어떻게 소금이 지렁이를 죽일 수 있는 거죠?

삼투압 때문입니다.

삼투압이요?

U자 모양으로 구부러진 관 중간에는 반투막이라는 부분이 있습니다. 왜 반 투막이라고 하냐 하면, 물은 통과할 수 있지만, 다른 물질은 통과할 수 없도록 막혀 있기 때문입니다.

삼투압과 반투막은 무슨 연관이 있습 니까?

그러니까 예를 들어 막을 중심으로 해서 한쪽에는 순수한 물

을, 다른 쪽에는 소금물을 똑같은 양으로 넣습니다. 그럼 두 액체는 농도를 똑같게 하려는 힘에 의해서 순수한 물이 소금물 쪽으로 막을 통과해서 넘어가게 됩니다. 즉, 이렇게 되면 시간이 지날수록 액체의 높이는 달라지겠죠. 바로 이러한 현상을 삼투압이라고 합니다.

삼투압

농도가 다른 두 액체를 반투막으로 막아 놓으면 농도가 낮은 쪽에서 농도가 높은 쪽으로 용매가 옮겨 가는 현상에 의해 나타나는 압력을 말한다. 식물의 뿌리가 땅속에서 영양분과 수분을 흡수하는 것도 삼투압 현상이 일어나는 것이다.

그것과 지렁이가 무슨 연관이 있나요?

생각해 보십시오. 실버 할아버지께서 지렁이를 향해 소금을 뿌리셨지요. 그럼 지렁이 체내에 있는 수분이 농도가 높은 바깥쪽 액체에 의한 삼투압 때문에 빠져나오게 됩니다. 농도를 같게 하기 위해서 말이죠. 그렇게 체내의 수분이 자꾸 몸 밖으로 빠져나와 버리니 지렁이는 말라 죽을 수밖에 없지요.

하지만 실버 할아버지께서는 이러한 사실을 모르고 소금을 뿌리셨습니다. 만약 이를 아셨더라면 아무리 지렁이가 보기 싫으셨어도 일부러 지렁이들에게 소금을 뿌리지 않으셨을 겁니다.

판결합니다. 이번 사건의 요지는 실버 할아버지에게 지렁이를 죽이려는 고의성이 없었다는 점입니다. 그러니 무조건 할아버지가 잘못했다고 몰아세워서는 안 됩니다. 서로 잘 화해했으면 좋겠습니다.

하루살이의 나이는?

하루살이는 정말 하루만 살다 죽을까요?

나궁금 씨는 아마추어 곤충학자였다. 어릴 적부터 파브르의 《곤충기》를 읽으며 곤충학자를 꿈꿔 왔다. 자신도 언젠가는 세계적으로 유명한 곤충학자가 되어 이름을 널리 알리고 싶었다. 하지만 아직은 행동보다 마음이 앞서 아무런 실적이 없었다.

어느 날, 곤충 이름을 공부하던 나궁금 씨는 하루살이에 관련된 정보를 읽으며 불현듯 궁금증이 생겼다.

'하루살이는 정말 하루만 사는 걸까?'

몇 시간 동안 곰곰이 생각해보던 나궁금 씨는 직접 관찰해 보아야겠다고 마음먹었다.

'이건 어쩜 대단한 발견이 될지도 몰라. 그러니 내가 직접 실험을 해서 알아내고야 말겠어.'

그날 이후로 나궁금 씨는 하루살이를 잡기 시작했다. 산이며 들을 돌아다니며 잡은 하루살이가 꽤 되었다.

나궁금 씨는 매일 하루살이들을 살피며 숫자를 세어 기록했다. 그런데 놀랍게도 하루살이의 평균 수명은 2일하고도 17시간이나 되었다.

'뭐야, 하루만 산다고 해서 붙은 이름이 아니잖아. 누구나 오해할 만한 이름이지 뭐야.'

다음 날, 나궁금 씨는 곤충 이름 연구소에 자신의 연구를 알리러 갔다. 그러나 연구소 측은 아마추어 곤충학자인 나궁금 씨의 말을 들어 주려고 하지 않았다.

"죄송한데, 저희는 아마추어 곤충학자의 얘기까지 들어 줄 만큼 한가하지 않습니다. 괜찮다면, 대기표를 뽑아서 기다려 주세요."

나궁금 씨는 꽤 괜찮은 연구를 했다고 자부하고 있었기 때문에 연구소의 반응에 화가 났다.

'나를 이렇게 무시하다니. 아무래도 생물법정에 알려서 당장 사과를 받아야겠어.'

생물법정을 찾은 나궁금 씨는 곤충 이름 연구소가 곤충의 특성도 제대로 파악하지 않은 채 잘못된 이름을 붙였다며 고소했다.

하루살이는 1년에서 3년 정도를 애벌레로 살고
성충이 되면 짧게는 한 시간에서 2, 3일 정도 살게 됩니다.
오래 사는 것은 3주까지 사는 경우도 있습니다.

여기는 생물법정

하루살이의 수명은 정말 하루일까요?
생물법정에서 알아봅시다.

재판을 시작합니다. 재미있는 사건이군요.
일단, 생치 변호사 측 이야기를 한번 들어
볼까요?

판사님, 곤충 이름 연구소는 곤충들의 이름을 정하기 위해 각
각의 특성을 연구하고 독특한 부분을 추리고 하는 무척이나
바쁜 곳입니다. 게다가 이곳에 볼일이 있는 사람이라면 거의
모두 곤충학자이다 보니 정확한 면담 일정을 지켜야 공평하
고 효율적으로 일을 처리할 수 있습니다. 만약 명성 있는 곤
충학자에게 조금이라도 나은 대우를 한다면, 그들의 연구가
발표된 이전의 것보다 더 발전된 것이라는 의미에서이지 다
른 뜻은 없다고 합니다.

이번에는 비오 변호사 측에서 변론하도록 하십시오.

곤충 이름 연구소라면 이름에 걸맞게 활동하는 것을 우선해
야 합니다. 곤충에 대한 연구도 좋지만 말입니다. 나궁금 씨
는 하루살이의 이름에 대해 의문을 품었고 연구를 통해 그 이
름에 잘못이 있다는 것을 밝혀냈습니다. 어떻게 보면 연구소
에서 했어야 할 일을 했던 셈입니다. 그러므로 연구소의 태도

는 단지 나궁금 씨가 아마추어 곤충학자라서 그런 것으로밖에 안 보입니다.

조금 억지스럽습니다.

그렇다면 나궁금 씨의 하루살이 연구 경과와 결과를 들을 기회를 가지도록 합시다. 판사님, 증인 요청합니다. 아마추어 곤충학자 나궁금 씨입니다.

나궁금 씨는 자신 없는 표정으로 증인석을 향해 걸어 나왔다.

나궁금 씨, 하루살이에 대해 연구해 오셨죠?

네.

좀더 자신있는 목소리로 대답해 주세요. 다들 나궁금 씨가 하루살이에 대해 어떤 연구를 했는지 궁금해하고 있습니다.

가장 기억에 남는 것부터 말하자면, 하루살이는 음식물을 먹을 필요가 없으니까 입이 없습니다.

입이 없다고요?

네, 그렇습니다. 애벌레 때는 씹을 수 있는 입이 있지만 성충이 되면 입이 퇴화되어 버리지요. 아무래도 사용할 필요가 없으니 그렇겠지요.

신기한 일이군요.

하루살이는 1년에서 3년 정도를 애벌레 상태로 삽니다. 그리

고 성충이 되면 짧게는 한 시간에서 2,3일 삽니다. 물론 오래 사는 것은 3주까지 사는 종류도 있습니다.

으흠, 하루살이가 3주까지도 사는군요.

뭐, 그래서 평균을 내 보면 2일 17시간 정도 산다고 볼 수 있습니다. 그러니 하루만 산다는 의미로 이해될 수 있는 하루살이라는 이름은 혼란을 줄 수 있으니까, 그것을 연구소에 지적하고 싶었습니다.

판결합니다. 나궁금 씨의 연구는 사실에 입각합니다. 이름은 약간의 상징성을 담고 있는데, 하루살이에서 '하루'는 아주 짧다는 의미로 여겨집니다. 그리고 나궁금 씨의 연구 결과를 보아도 하루살이가 꽤 짧은 수명을 가지고 있음을 볼 수 있습니다. 하루살이라는 이름은 그대로도 좋다고 결론을 내리겠습니다.

소금쟁이 달리기 대회

소금쟁이가 물위를 달릴 수 있는 이유는 무엇일까요?

'소금쟁이 달리기 대회'는 마을 축제로, 올해로 100년째 되는 전통이었다. 이 전통은 단지 이 마을에서 그치는 것이 아니라 전국적으로 유명했다. 하지만 항상 우승은 이 마을의 소금쟁이가 차지했다. 옛날부터 이 마을의 개천은 아주 맑아서 소금쟁이가 많이 살고 있었기 때문이다.

올해에는 100주년을 기념하여 제법 큰 행사를 계획 중이다. 3일간의 축제를 계획하여 첫째 날과 둘째 날에는 다른 여러 가지 행사를 하고, 마지막 날인 셋째 날에 소금쟁이 달리기 대회를 할 예정이었다. 많은 사람들이 올 것을 염두에 두고 행사도 크게 치르는 만큼 상금도 제법 컸다.

"이번에는 상금이 100만 원이나 된다는군요."

"백주년 기념이라서 100만 원인가?"

"하하하."

사람들은 우스갯소리를 하면서도 내심 자신이 그 상금을 받기를 바랐다. 하지만 이 마을에는 아주 강력한 우승 후보가 있었다. 이름 하여, 스피드!

스피드는 마을 회장의 둘째 아들 캐츠가 키우는 소금쟁이였다. 그 속도가 남달라 감히 다른 소금쟁이들은 이길 엄두를 못 냈다. 하지만 상금이 컸기 때문에 마을 사람들은 포기 하지 않고 자신의 소금쟁이를 훈련시키느라 바빴다. 훈련을 시킨다고 해도 소금쟁이가 하루아침에 빨리 달리게 되는 것은 아니었지만 말이다.

마을 회장 둘째 아들 캐츠의 절친한 친구 도그 역시 소금쟁이 빨리 달리기 대회에 참가 신청서를 냈다. 하지만 아무리 연습을 시켜도 어떻게 해야 빨리 달리게 할 수 있을지 알 수 없었다. 그래서 캐츠에게 도움을 요청하기로 했다.

"캐츠, 너의 스피드를 하루만 빌려 주지 않을래?"

캐츠가 물었다.

"스피드를? 왜?"

도그가 그제야 속을 털어놓았다.

"너의 스피드는 이 세상 어느 소금쟁이보다 빨라. 나의 소금쟁이도 너의 스피드처럼 빨리 달리게 하고 싶어. 물론 스피드가 우승하겠지만, 네가 스피드를 하루만 빌려 준다면 나의 소금쟁이도 2등은 할 수 있지 않을까?"

캐츠는 스피드를 칭찬하는 말에 기분이 좋아졌다.

"우리 스피드가 좀 빠르긴 하지. 그럼 너에게만 특별히 빌려 줄게. 그렇지만 하루만이야. 대회가 얼마 안 남았으니 우리 스피드도 컨디션 조절을 해야 하거든."

캐츠에게서 스피드를 빌린 도그는 자신의 소금쟁이를 연습시키면서 하루 만에 실력이 많이 향상된 것 같아 기분이 좋았다.

'이번 대회에서 2등은 할 것 같은 예감이 드는걸. 좋아, 스피드가 고생해 주었으니까 나도 답례를 해야겠지.'

"스피드야, 이 형아가 널 반짝반짝 빛이 나게 닦아 줄게."

도그는 캐츠에게 돌려주기 전에 스피드의 온몸을 비누로 깨끗하게 씻었다.

드디어 축제 날이 왔다. 온 동네가 사람들의 웃음소리로 가득차고 어디나 인파로 시끌벅적했다.

축제 셋째 날, 드디어 소금쟁이 달리기 대회가 열렸다. 상금이 100만 원이라 그런지 참가자들도 많았다.

출발 신호에 소금쟁이들이 제각각 출발했다.

그런데 이게 무슨 일인가?

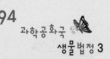

빠르기로 소문난 스피드가 제대로 속도를 내지 못하더니 급기야 10등 안에도 들지 못했던 것이다.

캐츠는 대단히 실망했다. 자신의 스피드가 저렇게 느리게 달릴 리가 없다는 생각밖에 들지 않았다.

스피드를 빌려간 도그를 의심한 캐츠가 생물법정을 찾았다.

물과 기름은 섞이지 않습니다. 소금쟁이가 물에 떠 있을 수 있는 것도 이와 유사합니다. 소금쟁이의 다리에 있는 기름을 물이 밀어내기 때문이죠. 물과 기름은 서로 다른 성질이니까요.

여기는 생물법정

소금쟁이가 물 위를 달릴 수 있는 것은 무엇 때문일까요?

생물법정에서 알아봅시다.

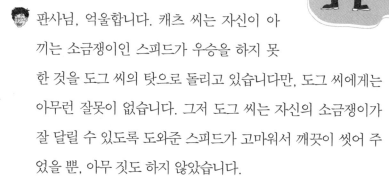

판결을 시작합니다. 피고 측, 변론하세요.

판사님, 억울합니다. 캐츠 씨는 자신이 아끼는 소금쟁이인 스피드가 우승을 하지 못한 것을 도그 씨의 탓으로 돌리고 있습니다만, 도그 씨에게는 아무런 잘못이 없습니다. 그저 도그 씨는 자신의 소금쟁이가 잘 달릴 수 있도록 도와준 스피드가 고마워서 깨끗이 씻어 주었을 뿐, 아무 짓도 하지 않았습니다.

뭐라고요? 맙소사, 소금쟁이를 목욕 시켰다고요? 그게 바로 잘못한 행동입니다.

그건 무슨 소리입니까?

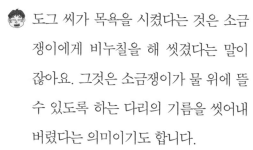

도그 씨가 목욕을 시켰다는 것은 소금쟁이에게 비누칠을 해 씻겼다는 말이잖아요. 그것은 소금쟁이가 물 위에 뜰 수 있도록 하는 다리의 기름을 씻어내버렸다는 의미이기도 합니다.

아니, 그게 무슨 말이에요? 차근차근 설명해 주세요.

소금쟁이

못·늪·냇물 등에서 서식한다. 육식성으로 수면에 떨어진 곤충류의 체액을 빨아 먹으며 죽은 물고기의 체액을 먹기도 한다.

소금쟁이가 뜨는 이유는 물의 표면 장력과 소금쟁이의 발 때문이다. 전자현미경으로 소금쟁이의 발을 보면 많은 털이 있고 홈이 파여 있다. 그래서 물 위를 걸을 때, 발 전체를 이용해 수평으로 물을 내리 누르면서 물에 떠 있을 수 있는 것이다.

🧑 그러니까 물은 자신과 같은 성질의 것은 잡아당기고 그렇지 않은 것은 밀어내는 성질이 있습니다. 소금쟁이가 물에 뜰 수 있는 건 소금쟁이의 다리에 있는 기름을 물이 밀어내기 때문이죠. 물과 기름은 서로 다른 성질이니까.

🧑 맙소사!

🧑 이제 아시겠지요? 다리에 있는 기름 때문에 소금쟁이가 물에 뜰 수 있는 건데, 도그 씨는 그 기름을 비누칠을 해 씻어내 버렸어요. 그렇게 되면 제아무리 소금쟁이라도 물에 가라앉아 버릴 수밖에 없습니다. 그러니 스피드는 우승을 할 수 없었겠지요. 안타깝게도 도그 씨의 지나친 친절이 이런 일을 만든 겁니다.

🧑 판결합니다. 비오 변호사의 의견에 전적으로 동의합니다. 스피드가 소금쟁이 빨리 달리기 대회에서 우승할 수 없었던 데는 도그 씨의 잘못이 있다고 결론을 내립니다.

으나

벌레가 뀐 방귀에 손이 데었어

폭탄먼지벌레의 방귀 주머니에서는 왜 불이 날까요?

사건속으로

과학공화국의 타우린 랜드에서 여름방학을 맞아 곤충 전시회를 열었다. 세계 각국의 신기한 곤충들을 모아서 전시회를 연다고 준비하는 기간이 꽤나 걸렸다. 아프리카, 아마존, 사막 등등에서나 발견되는 희귀한 곤충들도 있어 운송하는 데에도 어려움이 많았다. 이런 어려움 끝에 열게 된 전시회라 그런지 곤충 전시회를 보고 온 사람들마다 정말 신기하고 재미있었다는 칭찬이 자자했다. 입에서 입을 타고 소문은 천리만리까지 퍼져 나갔다.

동부에 위치한 페일 학교에 근무하는 새미 씨 역시 곤충 전시회의 소문은 익히 들어 알고 있었다. 아이들에게 여러 가지 곤충을 보여 주는 것이 실제 수업을 하는 데 도움이 될 거라 생각한 새미 씨는 아이들을 데리고 곤충 전시회에 가기로 마음먹었다.

"자, 선생님과 함께 곤충 전시회를 관람할 거예요. 신기한 곤충들이 많이 있을 건데, 위험한 행동은 하면 안 돼요. 그리고 다치거나 위급 상황이 생기면 바로 선생님을 부르세요."

새미 씨와 학생들은 곤충 전시회 건물 앞에 서 있었다. 그리고 새미 씨의 지시 하에, 학생들은 전시장에 하나둘씩 들어갔다.

"자, 백합반 친구들, 다른 관람자들이 많으니까 질서를 지키면서 들어가는 거예요."

전시장에는 희귀하고 신기한 곤충들이 너무 많아서 아이들의 눈을 사로잡기에 충분했다. 새미 씨도 처음 보는 곤충들에 넋을 놓고 관람하고 있었다.

그때였다.

"아야!"

외마디 비명 소리에 모두가 놀랐다.

새미 씨는 소리가 난 곳으로 단숨에 뛰어갔다. 폭탄먼지벌레가 전시된 곳 앞에서 빌리가 울고 있었다.

"어머, 빌리야! 왜 그러니?"

빌리는 울기만 했다. 가까이에서 보니 빌리의 손은 화상을 입어 빨갛게 달아 올라 있었다. 재빨리 응급처치를 하고 구급차를 불러 빌리를 병원에 보냈다.

　새미 씨는 빌리가 다친 것을 생각하면 할수록 화가 났다. 그래서 타우린 랜드 측에 이렇게 위험한 곤충은 다른 곤충들과 달리 따로 격리해야 하지 않냐며 따졌다.

　"저렇게 위험한 곤충을 따로 격리를 시키지 않고 그대로 두시면 어떻게 해요?"

　타우린 랜드 측은 영문을 모르겠다고 말했다.

　"위험한 곤충이라뇨? 아이들이 곤충을 건드렸겠죠. 그러기에 미리 선생님이 주의를 주셨어야죠."

　새미 씨가 화난 목소리로 다시 한번 따졌다.

　"미리 주의를 했어야 하는 것은 당신들이에요!"

　타우린 랜드 측은 끄덕하지 않았다.

　"저희에겐 책임이 없습니다. 아이들을 좀더 살피지 않은 선생님이 책임을 지셔야겠네요."

　새미 씨는 아무리 따져도 사과를 받을 수 없을 것 같아 타우린 랜드를 상대로 생물법정에 고소했다.

위협을 느낀 폭탄먼지벌레는 온도가 100도에 달하는
방귀를 뀌게 됩니다. 자기 보호본능 때문입니다.

폭탄먼지벌레는 어떤 곤충일까요?
생물법정에서 알아봅시다.

😠 판결을 시작합니다. 피고 측, 변론하세요.

🙂 저희 타우린 랜드의 곤충 전시회는 희귀한

곤충들을 전시하기로 명성이 자자합니다.

그런 희귀 동물들을 볼 때는 분명 만지는 것을 자제해 주고,

만지더라도 조심할 것을 당부하고 있습니다. 그런데 빌리라

는 아이는 그것을 무시하고 폭탄먼지벌레를 만졌습니다. 그

러니 어떤 사고를 입었던 간에 잘못은 당연히 빌리라는 소년

에게 있습니다.

😊 으흠, 좋습니다. 원고 측, 변론하세요.

😁 말도 안 됩니다. 타우린 랜드의 곤충 전시회에는 어린 친구들

의 관람 비율이 무척이나 높습니다. 그것을 아는 타우린 랜드

측에서 먼저 예방 조치를 했어야 합니다.

🙂 물론 생치 변호사의 말이 틀리지 않습니다. 그러나 폭탄먼지

벌레는 가만히 놔두면 그렇게 위험한 벌레가 아니었기 때문

에 따로 격리시키지 않은 겁니다.

😁 그렇다면 빌리는 위험하지도 않은 그 벌레에게 다쳐 응급실

까지 갔단 말입니까?

바퀴

방귀벌레라고도 한다. 냄새 물질을
만드는 분비샘을 갖고 있으며, 분비
된 물질을 저장해 두고, 위험을 느
끼면 이 독가스를 내뿜는다. 이 가
스는 소리가 크고 고온이며, 손을
대면 따끔하고 화상의 흔적처럼 자
국이 남는다.

생치 변호사는 폭탄먼지벌레를 한 번
도 본 적이 없지요? 아마, 그래서 그럴
겁니다. 빌리가 만진 폭탄먼지벌레는
위험한 상황에 처하면 방귀를 뀝니다.
이 녀석의 방귀는 엄청난 힘을 가지고
있습니다. 이 벌레의 방귀를 맞으면 순
간적으로 100도까지 뜨거워지지요.

100도라고 하셨나요? 그럼 빌리의 화상이 방귀 때문이란 말
이지요?

네, 무려 100도입니다. 100도! 이런 방귀를 1분 동안 5번이나
뀔 수 있는 녀석이 바로 폭탄먼지벌레이지요. 분명 빌리는 폭
탄먼지벌레가 위협을 느낄 어떤 행동을 했을 겁니다. 그러니
벌레는 자연히 자기 보호본능으로 방귀를 뀐 것이지요. 물론
어린 꼬마 친구가 화상으로 병원에 간 것은 애석하게 생각합
니다. 하지만 벌레 스스로의 보호본능까지 뭐라 할 수는 없는
것 아닙니까?

그렇군요. 폭탄먼지벌레는 위험한 벌레이군요. 무려 100도까
지 뜨거워지다니. 아무리 위험 상황에 처했을 때만 방귀를 뀐
다고는 하지만, 또 언제 이런 화상 사건이 발생할지 모르는
일이므로 앞으로 폭탄먼지벌레는 반드시 격리해서 전시할 것
을 타우린 랜드에 건의합니다.

딸기 우유에 벌레가?

딸기 우유의 붉은색은 어떻게 만들어지는 걸까요?

"바로 이거야! 드디어 해냈어."

소울 우유 회사의 신제품 개발팀에서 환호성이

들렸다. 소울 우유 회사는 신제품 개발에 전력

투자를 하였다. 그리하여 신제품 개발팀은 밤낮

없이 연구에 매진했고, 이제 새로운 딸기 우유를 만드는 데 성공했

다. 이는 극비리에 추진되었기 때문에 상품화하는 것도 비밀스럽

고 신속하게 처리되었다.

드디어 소울 우유 회사의 딸기 우유가 판매되기 시작했다. 그리

고 그 맛을 본 소비자들은 붉은색의 딸기 우유에 매료되었다.

"어떻게 우유가 이런 색깔일 수 있을까?"

"이 붉은색, 너무 예쁘지 않아?"

"이런 딸기 우유는 처음이야. 이건 정말 반해 버릴 맛이야."

"응, 맛과 색 모두 좋아! 난 이제 이 우유만 마실 거야!"

얼마 지나지 않아 소울 우유 회사의 신제품이 우유 시장을 점령해 버렸다. 소비자들이 소울 우유회사의 딸기 우유만 찾는 탓에 흰 우유 회사의 매출이 확연히 떨어졌다. 기계를 돌릴 여력도 없을 지경이었다.

그러자 소울 우유 회사의 신제품으로 타격을 입은 흰 우유 회사들이 한자리에 모였다.

"아니, 어떻게 우유의 색깔이 이렇게 붉을 수가 있지?"

"이건 말도 안 돼!"

"뭔가 수작을 부린 거야. 사람들을 속이고 있는 거라고!"

"이렇게 가만히 있다가는 다 망하고 말 거야."

"맞아! 소울 우유 회사의 비밀을 알아내야 해."

"스파이를 보내는 건 어떨까요?"

순간 거기에 모인 사람들이 모두 조용해졌다. 그리고 암묵적인 동의 아래, 스파이 한 명을 선출했다.

스파이는 소울 우유 회사의 청소부로 들어갔다. 하지만 신제품 개발팀은 별관에 따로 있었고, 그곳은 아무나 들어갈 수 있는 곳이 아니었다.

과학공화국
생물법정 3

첫 번째 스파이를 보낸 것이 실패하자 두 번째 스파이를 보냈다. 이 스파이는 경비원으로 들어갔다. 매일 밤마다 돌아다니며 사람들이 없는 틈을 타서 신제품 개발팀이 있는 별관에 들어갈 기회만 호시탐탐 노리고 있었다.

어느 날, 사람들이 모두 퇴근했다고 생각한 스파이는 별관에 슬그머니 들어갔다. 들어갔더니 복도 맨 끝 방에서 희미한 불빛이 새어나왔다. 스파이는 조심조심 발자국 소리를 내지 않고 다가갔다. 그러고는 문틈 사이로 그곳에서 무슨 일이 일어나는지 꼼꼼히 지켜보고 있었다.

'아니, 저건.'

두 번째 스파이가 당장 사람들을 불러 모았다.

"제가 똑똑히 보았습니다. 분명 벌레를 갈아서 넣고 있었습니다. 딸기 우유의 붉은색을 내기 위해 벌레를 갈아 넣었던 겁니다!"

"아니 신성한 우유에 벌레를 갈아서 넣고, 그렇게 만든 우유를 사람들에게 먹게 하다니!"

"정말 양심도 없는 사람들이군, 그래. 가만두면 안 되겠소."

흰 우유 회사 사람들이 모두 흥분했다. 음식물에 벌레를 넣는다는 건 상상만 해도 끔찍한 일이었다. 그렇게 해서 흰 우유 회사 사람들은 생물법정에 소울 우유 회사를 고소했다.

연지벌레는 선인장에 붙어 사는 벌레로, 그중에서
암컷을 말려서 잘게 부수면 빨간 색소인 카민이 만들어집니다.
이것은 천연색소로 인공색소보다 안전하다고 알려져 있죠.

딸기 우유에 벌레를 넣는 이유는 뭘까요?
생물법정에서 알아봅시다.

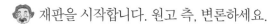

재판을 시작합니다. 원고 측, 변론하세요.

판사님, 소울 우유 회사는 엄청난 일을 저질
렀습니다. 아무리 돈에 눈이 멀어도 그렇지,
음식에 그런 못된 짓을 하다니요. 물론 저 역시 소울 우유 회
사 측이 판매한 딸기 우유의 새로운 맛과 색에 그 딸기 우유를
즐겨 먹습니다. 그런데 그 우유가 벌레를 갈아서 넣어서 만든
것이란 사실을 알고 화를 참을 수 없었습니다. 우리 몸에 직접
영향을 미치는 음식에 그런 짓을 하다니요!

맙소사, 그게 정말이오? 우리 딸도 매일 소울 딸기 우유를 사
먹는데, 벌레를 갈아서 넣어 만들었다니…….

아닙니다, 판사님. 소울 우유 회사에서 이번 신제품 우유에
벌레를 넣은 것은 사실이나, 오해하는 부분이 있습니다.

오해요? 벌레를 넣은 게 사실이라고 인정하지 않았습니까?

이건 소울 우유 회사 측에서 일급비밀이라고 얘기하지 말아
달라고 부탁했지만, 소울 우유 회사의 누명을 벗기 위해서는
아무래도 이야기해야겠군요.

일급비밀이라고요?

소울 우유 회사에서 내놓은 딸기 우유의 붉은색은 생치 변호 사가 말한 대로 연지벌레를 이용했습니다.

다시 들어도 충격적인 일입니다.

끝까지 들어 보십시오. 어떻게 벌레에 서 붉은색이 나오는지 신기하지 않으십 니까? 연지벌레는 선인장에 붙어사는 벌레로, 암컷 연지벌레를 말려서 잘게 부스면 빨간 색소인 카민이 만들어집니 다. 그것이 바로 붉은색을 내는 겁니다.

그래도 벌레를 넣어서 만든 우유라는 사실은 변함이 없습니다.

좋습니다. 판결하겠습니다. 소울 우유 회사 측에서도 책임감 없이 벌레를 넣었으리라고 생각하지 않습니다. 그리고 연지 벌레는 깨끗한 벌레입니다. 인체에 아무 해가 되지 않는 벌레 지요. 그러므로 소울 우유 회사에서 내놓은 딸기 우유의 공급 을 막을 이유가 없다는 것이 재판부의 결론입니다.

연지벌레

선인장에 기생하는 연지벌레의 암 컷은 둥근 달걀 모양의 흰색으로 날 개는 없고 피가 붉다. 주로 암컷을 말려 천연색소의 원료로 쓰며, 합성 색소보다 더 안전하다고 알려져 있 다. 중성일 때 빨간색으로, 딸기맛 우유 등에 쓰인다. 산성일 경우는 주황색, 알칼리성일 때 보라색으로 이용할 수 있다.

거품이 생긴 소나무

소나무에 왜 거품이 붙어 있을까요?

수목원에서 소나무 전시장을 새로이 꾸몄다. 많은 사람들이 소나무 전시장의 개장을 기대하고 있었기 때문에 수목원에서는 여간 신경 쓰는 것이 아니었다. 전문가들에게 소나무의 진열을 맡기고 어떻게 홍보할지 상의할 정도였다. 개장할 날이 점점 다가오자, 수목원에서는 소나무 전시장만 따로 청소하는 사람을 구해야겠다고 결정했다.

'구인: 오직 청소만 깨끗하게 잘하는 사람을 원함!'

빗자루 씨는 신문에서 이 광고 문구를 보자마자 자기를 위한 자리라고 생각했다. 빗자루 씨는 어릴 때부터 교실 청소를 할 때면 도맡

아 했다. 워낙 깔끔하고 청결한 것을 좋아해서 방 안에서 머리카락 한 올도 찾을 수 없었다. 실제로도 청소하는 것을 좋아했다.

빗자루 씨는 바로 수목원을 찾아갔고 면접을 통해 소나무 전시장의 청소를 담당하게 되었다.

빗자루 씨는 아침에 출근하자마자 쓸고 닦고 지극정성이었다. 쉬지 않고 청소하는 빗자루 씨의 모습에 모두들 감탄했다.

"저렇게 부지런한 사람은 처음 봤어."

"화장실도 안 가고 계속 청소만 한다는 소문도 있대."

사람들이 자신에 대해 뭐라고 소곤거리는지 알고 있었지만, 빗자루 씨는 기분이 나쁘지 않았다. 자신의 청소 실력을 알아주는 것 같았기 때문이다.

개장할 날이 다가오자 상사가 빗자루 씨를 불렀다.

"빗자루 씨, 청소를 잘한다고 소문이 자자하던데, 열심히 하는 모습 계속 지켜보고 있습니다. 개장하는 날, 중요한 손님들에게 소나무 전시장을 소개할 생각이에요. 좀더 신경 써 주세요. 빗자루 씨만 믿겠습니다."

빗자루 씨는 더욱 열심히 했다.

드디어 소나무 전시장이 개장했다. 많은 사람들이 보러 왔다. 점심시간이 지나서 상사가 검정색의 양복을 입은 중년 신사 세 사람과 함께 나타났다. 소나무 전시장을 둘러보며 설명해 주는 눈치였다.

한 신사가 말했다.

"소나무가 너무 멋지군요."

상사의 입이 귀에까지 걸릴 정도였다.

"아, 네. 이곳은 저희 수목원의 자랑거리입니다."

그때 다른 한 신사가 물었다.

"근데 저 소나무에 달린 거품은 무엇입니까?"

상사는 고개를 들어 소나무를 쳐다보다가 그만 말문이 막혀 버렸다. 소나무에 거품 주머니가 달려 있었다. 한두 개의 소나무만 그런 것이 아니었다.

당황한 상사는 얼굴이 빨갛게 달아올라 아무 말도 못했다. 그가 손님들을 배웅하고 나서 빗자루 씨를 불렀다.

"아니, 내가 특별히 더 신경 써 달라고 하지 않았소? 소나무에 거품이 생길 정도로 청소를 안 하고 뭘 했습니까?"

상사는 잔뜩 화를 내더니 빗자루 씨를 해고시켜 버렸다.

빗자루 씨는 그저 억울할 뿐이었다. 청소를 소홀히 한 적이 전혀 없었기 때문이었다. 그래서 빗자루 씨는 생물법정에 하소연하기로 했다.

웬 거품이래?

거품벌레는 주로 소나무에 살면서, 항문에서 나오는 분비액과
공기가 만나서 거품을 만들어 냅니다. 이 거품은 몸을
햇빛이나 천적으로부터 보호하는 역할을 하게 되지요.

과학공화국
생물법정 3

소나무에 왜 거품이 생겼을까요?
생물법정에서 알아봅시다.

재판을 시작합니다. 수목원 측, 변론하세요.

친애하는 판사님, 이번에 수목원에서는 새
롭게 사람을 뽑았습니다. 소나무 전시장 개
장을 앞두고 청소를 맡기기 위해서였지요. 그렇게 뽑힌 사람
이 바로 지금 원고 측에 서 있는 빗자루 씨입니다. 물론 빗자
루 씨는 평소 열심히 청소를 해 주었습니다. 그러나 소나무
전시장을 개장하는 날, 중요한 손님이 오신다며 각별히 청소
에 신경 써 줄 것을 당부 받았음에도 불구하고 청소를 소홀히
했습니다. 중요한 손님에게 소나무에 달린 거품 주머니를 보
여 주게 하고 말았으니 수목원 측에서 빗자루 씨를 해고한 것
은 이해할 만한 조치라고 할 수 있습니다.

으흠, 좋습니다. 그럼 빗자루 씨 측, 변론하세요.

소나무에 거품이 생긴 것이 빗자루 씨가 청소를 제대로 하지
않아서라면 당연히 빗자루 씨는 해고되어야 합니다. 하지만
소나무에 거품이 생긴 것은 빗자루 씨 때문이 아닙니다. 거품
의 주범은 다른 데 있습니다.

으흠, 거품의 주범을 찾으셨다는 말인가요?

네, 판사님. 빗자루 씨의 이야기를 듣고 혹시나 하는 마음에 수목원을 찾아갔었습니다. 그래서 왜 거품이 생겼는지 자세히 살펴보았지요. 놀랍게도 소나무에 거품벌레가 있었습니다.

거품벌레라고요?

거품벌레는 주로 소나무에 삽니다. 그 벌레의 항문에서 나오는 분비액과 공기가 만나서 거품을 만드는 벌레지요.

거품벌레에게 그 거품이 어떤 역할을 하지요?

그건 햇빛이나 천적으로부터 자신의 몸을 보호합니다.

꼭 지어낸 이야기 같군요.

세상에는 우리가 아직 모르는 벌레들이 많습니다. 거품벌레에 대해 더 설명하자면, 이 녀석은 높이뛰기 명수인지라, 제자리에서 뛰었을 때 73센티미터까지도 뛰어오를 수 있습니다. 바로 이 벌레가 수목원의 소나무에 살고 있었습니다.

판결합니다. 소나무에 달려 있던 거품은 거품벌레 때문에 생긴 것이라고 밝혀졌습니다. 빗자루 씨에게 잘못이 없음을 판결합니다.

거품벌레과

거품 물질을 분비해 자신의 몸을 이 거품 속에 숨긴다. 거품을 통해 천적이 발견하기 어렵거나 혐오감을 가지게 하여, 교묘히 도피할 수 있다. 또 이 거품은 태양의 직사광선을 차단해 주기도 한다.
거품벌레는 엄청난 힘으로 뛰어오를 수 있는데, 이는 포식자로부터 빨리 도망치기 위해서라고 알려져 있다.

으샤

저절로 움직이는 나뭇가지

자벌레는 왜 나뭇가지 모양을 하고 있을까요?

"아악, 할머니! 벌레, 벌레, 벌레!"

세바스찬이 방구석에서 기어 나온 조그만 벌레를 보고 소리를 질렀다.

할머니는 벌레를 발견하고 별 거리낌 없이 손으로 쳐서 그것을 죽였다.

"이 조매난 벌거지가 뭐가 무습다고 그라노?"

세바스찬이 이내 징징거렸다.

"할머니, 나 집에 갈 거야. 집에 가고 싶어. 엉엉."

할머니가 세바스찬을 어르며 말했다.

"사내 자슥이 벌거지 하나 가지고 질질 짜나? 안되겠네."

세바스찬은 방학 동안 시골 할머니 댁에서 머무르며 방학 숙제로 자연 학습을 하던 중이었다. 다른 친구들은 부모님과 함께한다고 했지만 세바스찬의 부모님은 직장 일로 너무 바빴다.

자연 학습을 하면서 알게 된 것은, 도시에서 태어나 도시에서 자란 세바스찬의 입장에서, 시골은 그야말로 공포영화나 다름없다는 사실이었다. 이때까지 보지 못했던 갖가지 벌레들이 나와 세바스찬에게 인사했다.

"밥 묵자. 일로 온나."

"싫어, 오늘도 풀만 있잖아. 할머니, 나 햄 먹고 싶어."

"그런 게 어딨노. 주는 대로 묵으라."

"내가 소야, 토끼야? 매일 풀만 먹어."

"묵기 싫으면 묵지 마라. 오늘은 계란도 있는데, 아이고 참 맛나겠네."

할머니는 세바스찬 앞에서 아주 맛있게 밥을 드셨다. 밥투정을 했지만 세바스찬의 배꼽시계는 이미 울린 지 꽤 되었다.

"할머니, 그러면 라면은 없어?"

"국수 있는데 국수 묵을래?"

"라면도 없어? 아, 나 몰라."

세바스찬이 살짝 토라지는 척하면서 밥을 먹기 시작했다.

할머니가 반찬을 집어 세바스찬의 밥 엎힌 숟가락 놓으며 물었다.

"오늘도 방에만 있을 거가? 할매 오늘 시장 갈끄데이. 니도 갈래?"

"싫어. 또 버스를 2시간이나 기다리고 1시간 타고 나가야 하잖아. 귀찮아."

"알긋다. 그라믄 니는 동네 애들이랑 놀아라."

"난 그냥 방에서 혼자 놀 거야. 참, 할머니 건전지 좀 사다 줘."

"건전지? 그게 뭐꼬?"

"왜, 오락기에 넣는 것. 아니다, 이거 슈퍼에 들고 가서 하나 달라고 하면 줄 거야."

"할매 퍼뜩 갔다 올 테니까 몸조심 하고 있으래이."

할머니가 외출한 뒤 세바스찬은 무엇을 하고 놀까 곰곰이 생각했다. 오락기는 건전지가 다 닳았고, 텔레비전에 연결하도록 되어 있는 오락기는 할머니네의 텔레비전이 너무 오래된 것이라 연결시킬 수 없었다. 컴퓨터 따위 있을 리 없었다. 동네 아이들에게 같이 놀자고 할까? 하지만 며칠 전에 있었던 일을 생각하면 그런 말을 꺼내는 것이 민망했다.

그날 일어난 일은 대강 이랬다.

세바스찬이 오락기를 들고 게임을 하며 길을 걷고 있을 때였다. 동네 아이들 몇 명이 세바스찬에게 다가왔다.

"니 도시에서 온 아라면서? 원래 도시아들은 저렇게 피부가 하야나."

"도시 아이라고 다 그런 것은 아니야, 왜?"

"니 보니깐 신기해서. 어? 니 뭐 들고 있는 건데?"

"이건 오락기야. 여기는 이런 거 없지?"

세바스찬은 오락기를 신기하게 바라보는 아이들에게 괜한 우월 감이 생겼다.

아이들 중에 이마가 까진 마빵이가 세바스찬에게 물었다.

"내 한 번만 해 보면 안 되나?"

"안 돼. 이게 얼마나 비싼 건데."

"제발 한 번만 하게 해 도."

"안 된다니까."

"에이, 그라믄 내가 내 보물 줄 테니까 한 번만 하게 해 도."

마빵이는 자기 주머니에서 주섬주섬 무언가를 꺼냈다. 세바스찬은 구슬이나 딱지이려니 생각했다. 그런데 그것은 장수하늘소였다.

"악! 저리 치워!"

세바스찬이 소리를 지르며 마빵이의 내민 손을 뿌리쳤다. 장수하늘소는 바닥에 떨어졌고 아이들 사이에서 조용한 정적이 흘렀다.

"니 너무 하는 거 아니가? 내가 힘들게 잡은 건데. 이럴 수 있는 거가?"

마빵이가 세바스찬을 노려보았다. 아이들은 이제 큰일 났다는 표정이었다. 하지만 세바스찬은 마빵이의 기세에 눌리지 않을 자신이 있었다.

과학공화국
생물법정 3

"이건 벌레잖아. 내가 제일 싫어하는 게 벌레란 말이야."

"니 눈에는 이게 벌레로 보이나? 이건 도시 가서 돈 주고도 못 사는 거다."

"이걸 판다고 해도 난 절대 안 사."

마빵이가 잔뜩 화난 표정으로 소리를 꽥 질렀다.

"니가 내를 모르는 모양인데, 내가 이 동네 대장이거덩. 이제부터 점마 자슥하고 노는 아이는 내가 가만히 안 놔둘 끼다!"

그 뒤로 동네 아이들은 세바스찬을 피했고, 그러니 세바스찬은 자연스럽게 혼자 놀 수밖에 없었다.

'시골 촌뜨기들이랑 놀 이 세바스찬 님이 아니지.'

세바스찬은 이렇게 스스로를 위로하며 지냈다.

"오늘은 어디로 나가 볼까? 책에서 보니까 이런 시골에는 개울에 송사리가 많다고 하던데, 한번 구경해 보러 갈까?"

세바스찬이 집 근처 개울로 향했다.

그런데 개울로 가는 도중 마빵이 무리를 만나게 되었다.

"도시 잘난이, 잘 지냈나? 안 그래도 니 찾아 갈라고 했드만."

"왜? 나랑은 안 논다며?"

"누가 논다드나? 니한테 줄 선물이 있어서."

"뭐……, 뭔데? 또 벌레야?"

"보면 안다."

마빵이 무리들이 킥킥 웃으면서 세바스찬에게 나뭇가지를 주었다. 평범한 나뭇가지라서 다행이라고 생각한 세바스찬이 처음에는 머뭇거리다가 나뭇가지를 받아 들었다.

"그런데 이걸 왜 나한테…… 으악!"

나뭇가지가 꿈틀거리고 있었다. 아니, 나뭇가지라고 생각한 것은 벌레였다. 세바스찬은 너무 놀라 소리를 지르며 벌레를 땅바닥에 패대기쳤다.

"멋지제? 이거 나뭇가지 벌레라고 하는 기다. 니는 도시서 이런 거 아마 죽을 때까지 못 볼 기다. 우리가 애써 잡아 왔는데 이렇게 버리면 안 되지."

세바스찬이 바들바들 떨다가 결국 울음을 터뜨리고 말았다. 마빵이 무리가 그 모습을 보고 크게 웃었지만 어쩔 수 없었다.

할머니 집에 되돌아 온 세바스찬은 엄마에게 전화를 걸었다.

"엄마, 나 집에 갈래. 엉엉, 여기 있기 싫어. 엉엉. 무섭단 말이야. 제발 집에 가고 싶어!"

결국 세바스찬은 자기 집으로 돌아왔고 한동안 나무의 모든 가지들이 꿈틀꿈틀 거리는 악몽을 꾸게 되었다.

이윽고 방학이 끝나 개학을 하자 아이들이 저마다 방학 때의 일들을 이야기했다.

"난 부모님이랑 누지랜드 다녀왔어. 〈보석의 제왕〉에 나왔던 곳이라던데, 정말 멋졌어."

"와, 좋겠다. 난 고작 자주도 다녀왔는데. 거기서 말도 타 봤어."

"난 타국 가서 코끼리 타 봤다. 부럽지?"

아이들이 신나게 자랑하다가 조용히 앉아 있는 세바스찬을 발견하고 물었다.

"세바스찬, 넌 어디 다녀왔어?"

세바스찬이 대답했다.

"지옥."

아이들은 깔깔 웃으면서 말했다.

"지옥? 그런 곳이 어디 있니? 너, 할머니 댁에 간다고 했잖아."

세바스찬이 기운 없이 대꾸했다.

"어, 그 시골이 지옥이었어."

아이들은 세바스찬의 말을 이해할 수 없었다.

"왜? 시골 좋잖아. 공기 맑고, 경치 좋고."

세바스찬은 그곳을 다시 기억해야 하는 게 싫었다.

"아니야, 벌레들의 소굴이었어. 매일 방에 나오는 해괴망측한 벌레에다가 이상하게 뿔 달린 벌레도 보고. 윽!"

세바스찬의 심드렁한 말투와 달리 아이들은 관심 있는 것 같았다.

"뿔 달린 벌레? 혹시 장수하늘소 이야기 하는 것 아냐? 나 그거 키우는데."

세바스찬이 이해할 수 없다는 표정으로 말한 아이를 바라보았다.

"벌레를 키운다고? 내가 그 벌레 때문에 동네 애들한테 얼마나 심한 괴롭힘을 당했는데!"

아이들이 동시에 물었다.

"어머머, 동네 애들이 널 괴롭혔어? 어떻게?"

세바스찬은 말하기 싫다는 듯이 대답했다.

"나뭇가지 벌레라던가? 암튼 나뭇가지처럼 생겨서 처음에 난 진짜 나뭇가지인 줄 알았는데 나중에 보니까 벌레더라고. 그것 때문에 한동안 악몽을 꾸었어."

세바스찬의 이야기를 듣던 아이들이 고개를 갸우뚱거렸다.

"나뭇가지처럼 생긴 벌레? 그런 벌레도 있어? 난 처음 듣는데."

세바스찬이 말했다.

"분명 나뭇가지처럼 생겼었어. 정말 나뭇가지라고 착각할 만큼. 안 움직였다면 난 나뭇가지로 깜빡 속았을 거야."

아이들이 신기해하며 말했다.

"에이, 거짓말. 그런 게 어디 있어? 너, 뭔가 착각한 거 아냐?"

세바스찬이 울먹이는 목소리로 말했다.

"아냐! 분명히 봤어!"

세바스찬의 목소리가 달라졌다고 느낀 아이들이 슬금슬금 자리를 뜨기 시작했다.

"얘 또 우기네. 무조건 자기 말은 다 맞는다고 한다니까."

세바스찬이 다시 한번 말했다.

"아니야, 정말 나뭇가지처럼 생긴 벌레가 있다니까!"

친구들이 자신의 말을 믿어 주지 않자 세바스찬은 답답한 마음에 결국 생물법정에 의뢰했다.

곤충이 적으로부터 자신을 보호하려는 생존 능력 중 하나가
바로 의태입니다. 천적의 눈에 잘 띄지 않을 정도로
주변 환경과 거의 똑같이 자신의 몸을 바꾸는 의태는
자신의 몸을 보호하기에 적당하지요.

자벌레는 어떻게 생겼을까요?
생물법정에서 알아봅시다.

판결을 시작하겠습니다. 생치 변호사, 변론
하세요.

저 역시 벌레를 싫어합니다만, 지금까지 직
접 본 벌레도 있고 책에서 생김새를 읽어 알고 있는 벌레도 있
습니다. 그렇지만 나뭇가지처럼 생긴 벌레가 있다는 말은 처
음 듣습니다.

비오 변호사, 변론하세요.

의태 생물 연구가 나의태 박사를 증인으로 요청합니다.

갈색의 옷을 입은 나의태 박사가 법정 여기저기를 둘러보
며 증인석에 앉았다.

나의태 박사님, 의태 생물이라는 말이 생소한데요, 무슨 생물
입니까?

크게 두 가지로 나뉘는데 하나는 적에게 공격당하지 않으려
자신의 몸을 주변의 색깔이나 무늬, 형태까지도 닮게 만드는
것을 말합니다. 또 하나는 독침, 악취, 무기 등을 가지고 있는

곤충과 비슷하게 생겨서 적들이 착각하게 만드는 것입니다.

🧑 신기하군요. 의태 생물에는 무엇이 있나요?

🧔 여기 몇 가지 가져왔습니다.

나의태 박사가 커다란 유리 상자를 꺼냈다. 그 속에는 나뭇잎과 나뭇가지가 있었다.

😀 이의 있습니다. 증인은 나뭇잎과 나뭇가지만 잔뜩 가져와서 벌레라고 합니다.

🧔 이것들을 보면 대부분의 사람들이 그런 반응을 보입니다. 이리 가까이 와서 살펴보세요.

생치 변호사가 유리 상자 속의 나뭇잎을 꺼냈다. 그때 그 나뭇잎이 꿈틀거리며 움직였다.

😀 으악!

🧑 생치 변호사가 든 곤충의 이름은 무엇입니까?

🧔 으름덩굴큰나방이라고 하는 곤충입니다. 나뭇잎과 색깔이 비슷하죠. 나뭇잎이 낙엽이 되었을 때 몸도 똑같이 낙엽색이 됩니다.

🧑 그러면 의뢰인이 의뢰한 나뭇가지 벌레라는 것도 있습니까?

나뭇가지 벌레라면 크게 두 가지가 있는데, 세바스찬 군이 말하는 것은 아무래도 자벌레인 것 같습니다.

자벌레에 대해서 설명해 주세요.

자벌레는 자나방의 애벌레입니다. 자벌레는 기는 모습이 꼭 자로 재는 것처럼 보여서 자벌레라는 이름이 붙었습니다. 자벌레가 나뭇가지에 앉아 몸을 곧게 쭉 펴면 정말 나뭇가지처럼 보입니다.

그러면 또 하나의 나뭇가지 벌레는 무엇인가요?

대벌레라는 곤충입니다. 이것도 역시 나뭇가지에 앉으면 거의 구별이 안 갑니다. 몸을 건드려도 죽은 듯이 그냥 땅에 떨어집니다.

의태는 적으로부터 자신을 보호하려는 곤충의 생존 능력 중 하나입니다. 의태 중 하나는 우리가 눈에 잘 띄지 않을 정도로 주변 환경과 거의 똑같이 자신의 몸을 바꾸는 것을 말합니다. 의뢰인이 말한 나뭇가지 벌레는 주변의 적들로부터 자신의 몸을 보호할 요량으로 나뭇가지 모양을 한 것입니다. 따라서 나뭇가지 벌레는 있습니다.

판결합니다. 나뭇가지 벌레에는 자벌레와 대벌레가 있으며, 이는 우리 사람들이 보기에도 나뭇가지와 거의 흡사합니다. 의뢰인이 본 나뭇가지 벌레는 꿈틀거렸다고 했으므로 자벌레였을 것으로 판결합니다.

판결 후 세바스찬은 부모님의 손에 이끌려 가상현실 공포 극복 프로젝트에 참가했다. 그곳에서 세바스찬은 생치 변호사를 만났고 두 사람은 벌레에 대한 공포를 무사히 이겨 냈다.

의태

동물이 다른 생물이나 무생물과 모양, 색채, 행동을 비슷하게 함으로써 포식자를 속이는 현상이다.

의태의 예

1. **보호색** : 주위 환경과 비슷한 색깔을 띠어 적으로부터 자신을 보호하는 것(청개구리, 메뚜기, 배추 벌레 등)

2. **의태** : 몸의 색깔과 생김새가 주위의 환경과 비슷하여 눈에 잘 띄지 않는 것(자벌레, 대벌레, 나뭇 잎여치, 나뭇잎나비 등)

3. 위협하여 적을 물리치는 것(물결나비 : 눈알 무늬의 날개, 으름덩굴 큰나방 : 몸을 부풀어 커보이 게 함)

4. 다른 생물이 먹는 것을 막기 위한 것(엉겅퀴 : 잎과 줄기에 많은 가시가 나 있음)

균이 없는 빵

효모는 어떻게 빵을 부풀어오르게 만들까요?

과학공화국의 맛나 제빵 회사의 빵은 담백하면
서도 고소하여 남녀노소를 불문하고 모두가 좋
아했다. 그 맛의 비결은 일급비밀이었다. 그래서
맛나 제빵 회사에 다니는 직원이라 해도 그 비결
은 알 수가 없었다.

　그러던 어느 날 맛나 제빵 회사에 예상치 못한 경쟁 상대가 나타
났다. 경쟁 회사는 소리 소문도 없이 갑자기 나타난 더맛나 제빵
회사였다. 단독 질주를 하던 맛나 제빵 회사는 신출내기 회사에 의
해 매출이 떨어진 것이 그저 황당할 뿐이었다.

더맛나 제빵 회사는 '동방신비'라는 인기 연예인을 앞세워 캐릭터 빵을 내놓았다. 캐릭터 빵은 내놓기가 무섭게 다 팔리는 바람에 상점 주인들은 더맛나 제빵 회사의 빵을 점점 더 많이 찾게 되었다. 상황이 이렇다 보니 맛나 제빵 회사의 빵은 점점 더맛나 제빵 회사의 빵에게 밀리게 되었다. 처음에는 주문량이 서서히 줄더니, 이제는 눈에 띄게 줄었다.

상황을 지켜볼 수만은 없었던 맛나 제빵 회사의 사장이 마침내 긴급회의를 통해 대책을 강구하게 되었다.

사장의 목소리가 엄숙하면서도 무거웠다.

"우리 맛나 제빵 회사 창단 이래 이런 최악의 상황은 처음입니다!"

긴급회의에 모인 사람들이 말했다.

"죄송합니다. 할 말이 없습니다. 더맛나 제빵 회사에 대한 정보도 미비하고 캐릭터 빵이 너무 인기가 많은 터라……."

"저, 더맛나 제빵 회사의 캐릭터 빵을 상대할 만한 제품을 개발해 내놓는 것은 어떨까요?"

그때 묵묵히 의견을 듣고 있던 김대책 부장이 한마디 거들었다.

"외부 연구 기관에 새로운 빵 개발을 의뢰해 보는 건 어떨까요?"

모두들 크게 고개를 끄덕였다.

"음, 우리 안에서 결론이 나지 않는다면 다른 외부 연구 기관에 부탁해 보는 것도 나쁘지는 않지, 암."

김대책 부장의 의견을 수렴하여 맛나 제빵 회사는 브레드 연구 기관에 빵 개발을 의뢰했다.

의뢰를 맡긴 지 일주일이 지나자, 브레드 연구 기관에서 연락이 왔다. 빵에는 효모라는 균이 있는데, 이 균이 없는 깨끗한 빵을 만들어 보라는 것이었다. 괜찮은 아이디어 같았다.

균이 없는 깨끗하고 맛있는 빵!

맛나 제빵 회사는 재도약을 노리며 야심차게 빵을 만들기 시작했다. 회사의 모든 인력을 동원하여 빵 공정 과정에서 효모를 빼고 빵을 만드는 데 힘썼다. 당연히 인기리에 팔릴 것을 염두에 두고 밤샘 작업이 계속되었다.

드디어 신제품이 시중에 나왔다. 그런데 이게 웬일! 새로운 빵은 오히려 더 안 팔렸다. 아니, 안 팔리는 정도가 아니라 시중에 내었던 것까지 반품되고 있었다. 효모를 없앤 기발한 이 빵에 없는 것이 하나 있었는데, 그게 바로 빵에서 가장 중요한 '맛'이었던 것이다.

맛나 제빵 회사는 반품과 재고로 어쩔 줄 몰랐다. 설상가상으로, 맛을 본 소비자들의 불만이 인터넷 홈페이지를 가득 채웠다. 회복 불가능의 상황에 처한 맛나 제빵 회사는, 브레드 연구 기관에서 제대로 된 개발을 해내지 못해서 일어난 일이라고 생각했다.

결국 이 사건으로 엄청난 타격을 입게 된 맛나 제빵 회사는 브레드 연구 기관을 고소하기에 이르렀다.

효모는 빵 속에서 트림을 해서 빵 표면에 구멍을 만들어요.

끄꺽

끄꺽

빵이 구워지면 죽어 버려요.

균의 일종인 효모는 밀가루 반죽 속에서 살면서 공기방울을 만들어 내고 빵이 구워지면 효모는 죽게 되지요. 우리가 먹는 맛있는 빵 중 효모가 없는 빵은 없답니다.

빵 속의 균은 어떤 역할을 할까요?
생물법정에서 알아봅시다.

😀 판결을 시작합니다. 피고 측, 변론하세요.

😀 연구 기관은 연구를 하는 곳입니다. 그리고
그 연구 결과를 연구를 요청한 곳에 알려 줍
니다. 브레드 연구 기관은 맛나 제빵 회사에서 요청한 새로운
빵에 대한 아이디어를 제의했습니다. 여기서 기억해야 할 것
은 제의는 그저 제의일 뿐이라는 겁니다. 그 연구 결과를 받아
들일지 말지를 결정하는 것은 바로 맛나 제빵 회사였습니다.

😀 으흠, 일리 있는 말이군요.

😀 그리고 빵에서 균 없는 깨끗한 빵을 만드는 것이 얼마나 좋
습니까? 음식에 있는 균을 없앤다, 획기적이지 않습니까?

😀 바로 그 생각이 잘못되어 있었습니다. 효모가 없는 빵이라니
요? 정말 생각할 수도 없습니다.

😀 생각의 전환이기도 합니다.

😀 글쎄요, 그렇게 생각할 게 따로 있는 것 같은데요. 판사님, 증
인을 요청합니다. 제빵업에 30년을 종사해 온 바게트 씨를 증
인으로 요청합니다.

큰 키에 길쭉해 보이는 얼굴을 한 쉰 살가량의 아주머니가 증인석에 앉았다.

선생님, 제가 드리는 질문에 답해 주십시오. 효모가 없는 빵을 만드는 게 획기적인 방법일까요?

빵의 생명은 효모입니다. 빵을 찬찬히 들여다보면 많은 구멍들이 있습니다. 그것들을 만드는 것이 바로 효모입니다.

효모는 일종의 균인데, 그렇다면 균이 없는 빵 같은 깨끗한 제품도 만들어질 것 같은데요?

효모

효모는 크기가 아주 작아 육안으로는 볼 수 없는 미생물이다. 식용 효모에는 맥주 효모, 빵 효모, 우유 효모 등이 있다.
효모는 비타민 B군을 풍부하게 함유하고, 또 비타민 D를 함유하는 것도 있으며, 의약품 공업에도 사용되고 있다.

정말 빵에 대한 상식이 없으시군요. 효모라는 녀석은 밀가루 반죽 속에서 산답니다. 그 속에서 반죽을 먹고 트림을 하지요. 이 트림에 의해 공기 방울이 만들어지고요.

약간 엽기적인 설명 같습니다.

그렇지 않습니다. 빵이 구워지면 효모는 당연히 죽거든요. 그리고 그렇게 해서 생긴 공기 방울 자리가 구멍으로 남는 겁니다. 그리고 효모 없는 빵에 대해 자꾸 언급하시는데, 그건 정말 상상할 수 없을 만큼 맛이 없다고요.

으흠, 빵을 만드는 데 필요한 효모는 무척이나 중요한 녀석이

군요. 선생님의 설명이 무척 도움이 되었습니다. 판사님, 이
래도 브레드 연구 결과가 맛나 제빵 회사가 맞은 엄청난 타격
에 아무런 영향을 주지 않았다고 할 수 있을까요?

비오 변호사의 의견을 인정합니다. 빵 속의 효모는 맛있는 빵
을 만들기 위해 없어서는 안 될 중요한 균이라고 결론을 내리
겠습니다.

으샤

쇠똥구리랑 소똥이랑 뭔 관계야?

쇠똥구리는 둥글게 빚은 소똥 경단으로 무엇을 할까요?

사건속으로

음메, 음메.

오늘도 나소야 씨 집은 소 우는 소리가 아침을 깨
웠다. 나소야 씨네는 대대로 소를 키워 온 집안이
었다. 나소팔 씨부터 해서 나소사 씨, 다음으로 나소야 씨. 이제는
나도야까지 4대째 접어들고 있었다. 나소야 씨는 워낙 성실하고 부
지런히 일해서 마을에서는 알아주었다.

"우리 소는 부지런도 하지, 어쩜 저렇게 시간도 딱딱 잘 맞추나
몰라."

"소가 아니라 닭이라는 게 맞을지도 몰라. 시간을 칼같이 맞춰

주니 말이야."

나소야 씨가 잠자리에서 일어나며 부인에게 하는 말들이었다.

소 우는 소리라면 천리 밖에서도 들을 수 있는 귀를 가진 나소야 씨는 소 소리에 상당히 민감했다. 그래서 나소야 씨는 매일 아침 소 우는 소리가 들리면 그 소리를 듣고 잠에서 깼다.

아침에 잠을 깬 나소야 씨는 나도야를 깨웠다. 나도야는 아직 초등학생이지만 집안의 가업을 이어야 해서 나소야 씨가 어린 시절부터 소에 대한 교육을 해 오고 있었다. 5학년이 되고 나서부터 나도야는 아침 일찍부터 아버지와 함께 소여물 주는 일을 하고 있었다.

"나도야, 나도야. 얼른 일어나라. 벌써 우순이는 깨어났어. 소 키우는 사람은 게으름 부려서는 안 된다고 했지! 얼른 일어나."

하지만 아직 어린 나도야에게 이른 아침 잠 깨는 일이 쉽지 않다. 아버지가 몇 번이고 일어나기를 재촉해서야 겨우 눈을 비비고 깨는 것이 나도야의 아침이었다.

"아빠, 십 분만 더 자면 안 돼요?"

"소는 벌써 일어나서 기다리고 있잖아, 얼른 밥 먹고 우리도 소 밥 주러 나서야지."

"아함, 정말 힘들다! 소들이 너무 부지런해요."

아침마다 나도야와 나소야 씨가 나누는 대화였다.

나도야는 아침에 눈뜨기가 힘들어서 그렇지 한번 눈 뜨고 나면 남들보다 일찍 아침을 시작한다는 생각에 괜히 더 뿌듯한 마음이

들었다.

겨우 일어난 나도야는 가족들과 함께 식사를 하고, 밥을 먹고 난 후에는 나소야 씨를 따라 소들이 있는 목장으로 갔다.

"아빠, 이제 방학도 했으니깐 우리 소들 조금만 늦게 밥 주면 안 될까요?"

"나도야, 너, 배고플 때 화나지 않든? 힘도 없고."

"당연하죠. 난 밥 못 먹으면 절대 못 살아요."

"소들도 마찬가지야. 제때 밥을 줘야 해. 더구나 지금은 겨울이니깐, 더 그렇지."

"그래도, 아침 일찍 깨어서 뿌듯한 마음이 들긴 하지만, 날이 추우니까 일찍 일어나는 게 너무 힘들어요."

목장으로 가는 내도록 막 방학을 한 나도야가 나소야 씨에게 조금만 늦게 일어나게 해 달라고 부탁하고 있었다. 하지만 소라면 아들만큼이나 아끼는 나소야 씨에게는 나도야의 부탁은 전혀 먹히지 않았다.

"나도야, 너는 앞으로 우리 목장을 이어받아야 해. 그러려면 어린 시절부터 네 몸이 소의 하루에 맞게 적응이 되어 있어야 한다고."

"알고 있지만, 전 아직 초등학생이라고요. 아빠, 전 지금 잠이 아주 많이 필요한 시기인데 소에게 내 잠을 뺏기는 것 같아요."

"우리 아들, 아들이 앞으로 다른 꿈을 꾼다면 아버진 아들 꿈을 위해 전폭적으로 지지해 줄 거야. 그렇지만 아직은 우리 아들도 소

가 세상에서 제일 좋다고 했으니깐 소를 돌보는 일을 배워 가야 한
단다."

아버지의 일리 있는 말씀에 나도야가 수긍했다.

"맞아요, 아빠. 난 세상에서 밥 먹는 것 다음으로 소가 좋으니깐,
내가 양보할게요."

두 사람은 곧 목장에 도착했다.

목장에 도착하자마자 나소야 씨는 소여물 준비에 바빴다. 아직
은 일에 서툰 나도야가 그 옆에서 나소야 씨를 지켜보고 있었다.

"소들은 이렇게 풀만 먹고 어떻게 살아요? 진짜 신기해요."

"소들은 이 풀에서만도 영양분을 다 섭취할 수 있는 거야. 풀을
한번 씹어 넘겼다가 다시 한번 더 씹으면서 영양분을 섭취한단다."

"그래도 밥도 먹고, 고기도 먹는 우리는 이렇게 작은데, 풀만 먹
고도 이렇게 큰 소들이 너무 대견해요."

"하하, 우리 아들. 역시 넌 내 아들이야."

나소야 씨가 소여물을 주자, 소들은 배가 고팠던지 허겁지겁 여
물을 먹기 시작했다. 그 모습을 본 나도야는 아침마다 게으름을 피
운 게 미안해졌다.

나소야 씨가 여물을 다 주고 나서 소똥을 치우기 시작했다.

"그나저나, 걱정이다. 매일 치워도 소똥이 산더미처럼 쌓여서 주
변에서도 불평이 이만저만 아냐."

"왜요? 소똥이 어때서요?"

"우린 괜찮지만, 소에 익숙하지 않은 사람들 입장에선 우선 냄새가 나니깐 싫은 거지."

사실 소를 좋아하는 사람들 눈에는 소똥마저 예쁘게 보이겠지만, 그렇지 않은 사람들은 소똥 냄새는 물론 그것 때문에 생기는 파리들로 불쾌할 수도 있었다.

"그렇다고 소한테 똥을 싸지 말라고 할 순 없잖아요!"

"아빠가 매일 치우느라고 치워도 하룻밤 지나고 나면 소똥이 산더미처럼 쌓이니 큰일이구나."

그때 나도야의 머리에 번뜩 스쳐 지나가는 광고가 있었다.

"아, 맞다. 아빠, 나 어제 게임하다가 '소똥 걱정 끝'이라고 하는 배너를 본 것 같아요."

"그래?"

"어디였더라. 아, 맞다. '우리소닷컴' 이었어요. 우리 얼른 가서 검색해 봐요."

소똥 때문에 걱정이 많았던 나소야 씨는 얼른 일을 끝내고 나도야와 함께 컴퓨터 앞에 앉았다.

"소똥이 걱정이십니까? 그렇다면 '우리소닷컴'에 문의하세요. 여러분의 고민을 말끔히 해결해 드립니다."

사이트 입구에서부터 눈길을 확 끄는 문구를 걸어 놓아서 나소야 씨의 기대는 대단했다. 하지만 이 사이트에서 소똥의 해결책으로 내놓은 것은 쇠똥구리라는 벌레였다.

"이 사이트, 완전 사기 아냐? 소 발바닥보다 작은 쇠똥구리가 뭘 한단 말이지? 이제 소똥 걱정 좀 덜어 내나 했더니, 그것도 아니겠구나."

소똥 해결에 대한 기대가 컸던 만큼 실망감을 감출 수가 없었던 나소야 씨는 생물법정에 '우리소닷컴'의 해결책에 대해 의견을 물었다.

소똥을 좋아하여 쇠똥구리라고 불리는 쇠똥구리는
소똥으로 경단을 만듭니다. 짝짓기를 한 쇠똥구리는
이 경단에 알을 낳고, 애벌레의 집으로 이용하지요.

과학공화국
생물법정 3

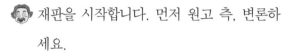

쇠똥구리는 소똥을 어떤 방식으로 이용할까요?
생물법정에서 알아봅시다.

재판을 시작합니다. 먼저 원고 측, 변론하
세요.

쇠똥구리를 이용해 소의 똥을 치운다는 선
전은 과장되었습니다. 나소야 씨네 목장에서 나오는 배설물
량을 그 작은 곤충이 언제 다 해결할 수 있겠습니까?

피고 측, 변론하세요.

쇠똥구리를 오랫동안 연구해 온 파브르 박사를 증인으로 요
청합니다.

산속에서 벌레 잡다 왔는지 몸에서 심한 냄새가 풍기는 아
저씨가 증인석에 앉았다.

증인이 하는 일은 뭐죠?

쇠똥구리를 연구하고 있습니다.

쇠똥구리가 정말 똥을 좋아하나요?

아주 좋아합니다. 특히 소가 바로 배출한 따끈따끈한 똥을 아
주 좋아하죠.

쇠똥구리는 똥으로 뭘 합니까?

머리와 다리를 이용해 쇠똥으로 동그란 모양의 경단을 만듭
니다. 경단을 만드는 과정은 이렇습니다. 먼저 머리의 돌기를
이용해 똥을 긁어모으죠. 그리고 앞다리로 긁어모은 똥을 주
워 담아요. 그리고 뒷다리로 똥을 밟으면서 단단히 뭉치지요.
경단을 완성한 쇠똥구리는 물구나무 선 모양으로 뒷다리로
경단을 슬슬 밀며 자신의 굴로 향하지요. 그리고 굴속에 경단
을 묻어 두고 알을 낳습니다. 경단이 바로 애벌레의 집이 되
는 거죠. 간혹 쇠똥 경단을 빼앗기 위한 싸움을 종종 벌이죠.

쇠똥구리가 똥 때문에 싸운다는 것은 믿기 어렵지만 한번 보
고 싶습니다. 재미있는 사실을 알게 되
었습니다.

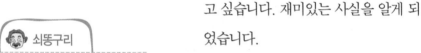

쇠똥구리

말똥구리라고도 불린다. 쇠똥구리는
배설물이 땅에 떨어지면 냄새를 맡
고 밑으로 내려온다. 이때 수컷은 배
설물 덩어리를 떼어 내 씨앗이나 이
물질을 골라내고 다듬어 경단을 만
들고 뒷다리로 굴려 집으로 돌아온
다. 이 경단에서 짝짓기를 한 쇠똥구
리 암수는 그 경단 가운데에 알을
낳는다.

쇠똥구리는 참 고마운 곤충이군요. 지
구를 오염시키는 동물의 똥을 저렇게
잘 처리해 주니 말입니다. 앞으로는 정
부에 건의해 소를 키우는 집에는 의무
적으로 쇠똥구리를 살게 하는 법령을
만들도록 하겠습니다.

아프리카의 시체는 우리에게 맡겨라

송장벌레는 왜 죽은 동물만 찾아다닐까요?

"이곳은 아프리카의 세렝게티를 꿈꾸며 만든 야
생동물원입니다. 야생동물들이 살아 숨 쉬는 그
곳의 분위기를 그대로 담아 내고 싶었습니다."

하늘 야생동물원이 개장할 때 유카리 씨가 했던 말이다.

유카리 씨는 동물학을 전공하고 동물이 너무 좋아서 아프리카에
서 10여 년을 살면서 동물과 초원에 관한 연구하다가 돌아온 동물
학 박사였다. 한국에 돌아와서도 유카리 씨는 동물 연구를 게을리
하지 않았다. 그리고 오랜 꿈이었던 야생동물원 구상에 하루하루
를 바쁘게 보냈다.

그러던 어느 날, 유카리 씨는 야생동물이라면 자다가도 벌떡 일어나는 김부자 씨를 만나 후원을 받게 되었다.

"김부자 씨, 당신 같은 동물 애호가는 처음 봐요. 아프리카를 10여 년 돌아다니면서 별별 사람 다 만나 봤는데 당신 같은 사람은 처음이에요."

"저야말로 유카리 씨를 만나 뵙게 되어 영광입니다. 익히 명성은 들었는데, 이렇게 만나 이야기를 해 보니 그 명성이 역시 헛소문은 아니었다 싶네요."

"그렇습니까, 하하하!"

첫 만남부터 서로 잘 통했던 두 사람은 그 후로도 자주 만났다. 그러다가 두 사람 모두 야생동물원을 세우는 것이 꿈이라는 것을 알게 되었다.

"역시 우린 너무 잘 통하는군요. 그렇다면 우리가 힘을 합쳐 그 꿈을 이뤄 보는 것은 어떨까요? 저의 경제력과 유카리 씨의 다양하고 풍부한 지식이 만난다면 가능한 일일 거예요."

"저야 마다할 리 없습니다. 오히려 감사합니다. 사실 오래전부터 야생동물원에 대한 계획을 짜 보고 있었으니까요."

두 사람은 야생동물원에 대한 꿈을 확인하고 계획하여 공사를 시작했다. 공사는 두 사람의 마음이 절실했던 만큼 순조롭게 진행되었다.

야생동물원의 기본 전략은 분위기만 그럴싸하게 내는 것이 아니

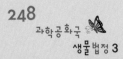

라 실제의 것을 그대로 옮겨 놓는 것이었다. 어마어마한 돈이 들었지만 두 사람은 꿈을 이뤄 가고 있다는 생각에 돈 걱정은 잊고 있었다.

드디어 공사가 다 끝나고 야생동물원이 '하늘 야생동물원'이라는 이름으로 개장했다. 최초의 야생동물원이라는 타이틀이 어딜 가나 따라다녔고, 따로 선전하지 않아도 입소문이 나 있었다.

"굉장하군요! 이건 완전 아프리카를 그대로 옮겨 놓은 것 같아요. 이렇게 생생한 야생동물원이라니!"

"저도 이렇게까지 완벽하게 재현해 낼 줄은 몰랐어요. 정말 대단하군요. 사람들에게 많은 호응을 얻을 겁니다. 야생의 생생한 모습을 볼 수 있어요."

하지만 입소문이 난 것에 비하면 야생동물원에는 사람들이 많이 오지 않았다. 야생동물원에 남다른 자부심이 있었던 유카리 씨는 그 점이 이상해서 하늘 야생 동물원 홈페이지에 들어가 보았다.

여기저기 구석구석 살피던 유카리 씨의 눈에 한 글귀가 띄었다.

"야생 동물원, 잘못 들어가면 살아서 돌아오지 못한다."

무슨 말인가 싶어 그 내용을 살펴보았더니, 야생동물원의 먹이사슬에 대하여 적혀 있었다. 먹이사슬로 인해 야생동물원의 동물들이 점점 줄어들고 있다는 이야기였다. 그런 상황에서라면 사람들이 관광을 한답시고 들어갔다가는 살아 돌아올 수 없다는 것이었다.

'그래, 내가 아프리카를 옮겨 놓는다는 데만 너무 집중했던 거야. 먹이사슬을 생각했어야 했는데.'

유카리 씨는 곧장 하늘 야생동물원으로 향했다. 유카리 씨는 동물원 곳곳에 설치된 카메라로 동물원 구석구석을 살폈다. 먹이사슬에 의해 생겨난 동물들의 시체가 예상했던 것보다 많았다. 그것이 썩는 냄새는 물론 벌레까지 몰려들 정도로 하늘 야생공원은 지저분해져 있었다.

유카리 씨는 우선 동물의 시체를 처리하기로 작정했다.

'시체를 어떻게 처리한담? 아프리카 있을 때, 시체를 처리하는 벌레가 있었던 것 같은데.'

아프리카에서의 경험을 바탕으로 유카리 씨는 해결책을 떠올려 보고 있었다.

"아, 그렇지! 송장벌레!"

한참을 고민하던 유카리 씨가 송장벌레를 떠올렸다.

"그래, 송장벌레를 풀어 두면 일이 깔끔하게 해결되겠구먼. 우선 시체를 치우고 다음 일은 생각하자."

유카리 씨는 동물들의 시체 처리를 위해 송장벌레 떼를 풀어 두고 급히 학회에 참석했다. 하늘 야생동물원을 비워 둔 채였다.

하지만 이 사실을 까맣게 모르고 있던 김부자 씨는 야생동물원에 못 보던 벌레가 있자 불쾌하게 생각했다. 더군다나 송장벌레가 그리 흔히 볼 수 있었던 것이 아니었기 때문에 동물원에 문제가 생긴 것으로 비췄다.

"이거 안 그래도 손님이 안 드는데, 이 벌레가 눈에 띄면 안 되겠는걸."

김부자 씨는 벌레를 모조리 없애 버리도록 지시했다. 그러자 동물들의 시체가 더 넘쳐났고, 그것이 피워 내는 악취로 동물원은 숨을 쉴 수 없을 지경이 되었다.

학회에서 돌아 온 유카리 씨가 난장판이 된 야생동물원을 보고 깜짝 놀랐다.

"이게 어떻게 된 일입니까, 김부자 씨? 내가 분명 송장벌레를 풀어놨는데요."

"아니, 그 무식한 벌레들이 유카리 씨께서 풀어놓은 것이었습니까? 왜 그러셨어요?"

"그 벌레들이 하는 역할은 시체들을 없애는 겁니다."

송장벌레 때문에 두 사람은 야릇한 신경전을 벌이게 되었다. 결국 합의점을 찾지 못한 두 사람은 생물법정에 이 사건을 의뢰했다.

송장벌레는 땅을 파서 그 안에 동물의 시체를 묻고 다시 흙으로 덮어 둔 후 그 속에다 알을 낳습니다. 알에서 깨어난 애벌레는 이 동물의 시체를 먹으면서 자라게 되지요.

곤충 중에 송장벌레와 같은 역할을 하는 것이
있을까요?

생물법정에서 알아봅시다.

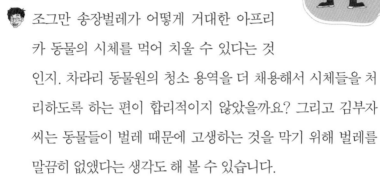

재판을 시작합니다. 피고 측, 변론하세요.

조그만 송장벌레가 어떻게 거대한 아프리
카 동물의 시체를 먹어 치울 수 있다는 것
인지. 차라리 동물원의 청소 용역을 더 채용해서 시체들을 처
리하도록 하는 편이 합리적이지 않았을까요? 그리고 김부자
씨는 동물들이 벌레 때문에 고생하는 것을 막기 위해 벌레를
말끔히 없앴다는 생각도 해 볼 수 있습니다.

원고 측, 변론하세요.

유카리 박사를 증인으로 요청합니다.

검은 뿔테 안경에 정장을 차려 입은 40대의 남자가 증인석
에 앉았다.

증인이 하는 일은 뭐죠?

동물과 곤충 사이의 관계를 연구하고 있습니다.

그럼 왜 송장벌레 떼를 풀어놓으신 거죠?

동물의 시체를 처리하기 위해서입니다.

그게 가능한 일인가요?

물론입니다. 송장벌레는 쓰레기를 좋아합니다. 물론 아무 쓰레기나 좋아하는 것은 아닙니다. 동물의 시체를 아주 좋아하지요.

벌레 중 송장벌레만 동물의 시체를 좋아하나요?

아닙니다. 개미와 파리도 동물의 시체를 아주 좋아합니다. 하지만 송장벌레는 개미나 파리보다 더 시체를 잘 분해합니다. 송장벌레가 없다면 아프리카는 죽은 동물들이 썩으며 풍겨 내는 냄새로 진동을 할 테니까요. 게다가 시체가 썩으면 독이 나오기 때문에 숲이 오염되지요.

그럼 고마운 벌레군요.

그렇지요.

그럼 송장벌레는 어떤 식으로 동물의 시체를 처리하나요?

송장벌레는 땅을 파서 동물의 시체를 그 안에 묻고 다시 흙으로 덮어 둡니다. 그래서 동물의 시체가 눈에 띄지 않게 하지요. 송장벌레는 시체 속에다 알을 낳는데 알에서 깨어난 애벌레는 동물의 시체를 먹으면서 자랍니다.

송장벌레과

주로 들판에서 볼 수 있는 송장벌레의 성충은 야행성이며 쥐나 뱀, 새, 개구리 등 작은 동물의 시체를 땅에 파묻는다. 동물의 시체 속에서 알을 낳고 유충은 이 썩은 시체를 먹는다. 한국·일본·타이완·중국·몽골 등지에 분포한다.

아하, 자식을 위해서 동물의 시체를 묻어 두는군요!

그렇게 볼 수 있습니다. 물론 어른 송장벌레들도 동물의 시체
를 먹지만 말입니다.

그럼 간단한 문제였군요. 그렇죠, 판사님!

그런 것 같군요. 이번 사건은 김부자 씨가 생물학적 지식이
없어서 벌어졌습니다. 유카리 씨가 생물 공부를 좀더 많이 한
사람을 조수로 채용해 앞으로는 이런 사건이 벌어지지 않게
하세요.

달팽이

  달팽이의 몸은 끈끈한 점액으로 덮여 있어서 느릿느릿 미끄러져
나아갑니다. 두 쌍의 더듬이가 있는데, 이 중 큰 더듬이의 끝에 눈
이 달려 있습니다. 보통 등에 껍데기가 있으면 달팽이라고 하고 껍
데기가 없으면 민달팽이라고 합니다.

  달팽이는 뼈가 없으며 워낙 느려서 100m 정도 가는데 하루가
걸린다고 합니다. 달팽이는 상추 잎을 좋아합니다.

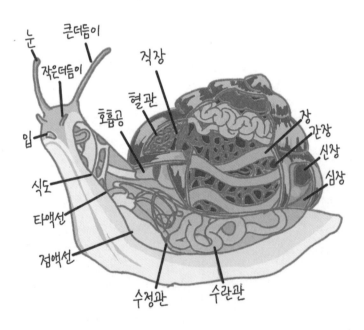

지네

곤충의 다리는 기본적으로 6개이지만, 지네는 수를 헤아리기 힘들 정도로 다리가 많습니다. 그러니까 지네는 곤충이 아닙니다.

지네의 걸음걸이는 도미노 게임과 같이 부드럽고 유연합니다. 또한 다리의 3분의 2가 없어져도 걸어 다니는 데 아무 지장이 없다고 합니다. 축축하고 어두운 곳을 좋아합니다.

지렁이

지렁이는 토양에 아주 중요한 역할을 합니다. 땅속을 휘젓고 다니면서 흙을 잘 섞어 주고 땅속의 많은 영양분을 땅의 표면까지 끌어올려 주지요. 그리고 지렁이가 파는 굴은 물과 공기를 흙과 잘 섞이게 합니다. 식물들은 이런 지렁이 덕분에 뿌리로 필요한 영양분을 쉽게 흡수할 수 있습니다. 즉, 지렁이는 식물들에게는 없어서는 안 될 벌레인 거지요.

지렁이는 뒤로 갈 수 있을까요? 불가능해요. 지렁이는 몸의 구조상 뒤로 기어갈 수 없습니다. 캥거루 역시 뒤로 갈 수 없는 동물입니다.

지렁이의 꼬리를 자르면 어떻게 될까요? 지렁이는 꼬리 부분이 잘려도 그 자리에 새로운 꼬리가 만들어진답니다.

물방개

물방개는 긴 털이 있고 몸이 유선형이어서 헤엄을 잘 칩니다. 물방개의 몸길이는 35~40mm 정도입니다.

물방개는 불빛을 좋아합니다. 수컷의 등은 광택이 있지만 암컷은 광택이 없습니다. 앞날개 끝을 수면에 내밀어 몸체 사이에 공기를 넣고 물속에 들어가 호흡을 합니다. 산이나 들판의 연못과 늪 또는 물이 천천히 흐르는 강에서 볼 수 있습니다. 다른 곤충을 잡아먹고 때로는 물속의 작은 물고기를 잡아먹기도 합니다.

송장헤엄치개

송장헤엄치개는 몸길이가 1cm 정도이고, 회황색 바탕에 검은색 무늬가 있으며 융단 모양의 광택이 납니다. 뒷다리가 길고 튼튼하게 잘 발달되어 있으며, 물갈퀴 역할을 하는 잔털이 많이 붙어 있어 헤엄을 잘 칩니다. 헤엄을 칠 때는 몸을 거꾸로 뒤집고 잔털이 많이 달린 뒷다리로 배영을 하죠.

송장헤엄치개는 못이나 늪에 살며, 물 위에 떨어진 곤충이나 소금쟁이를 낚아채 잡아먹고, 때론 올챙이나 물고기를 잡아 뾰족한 입으로 체액을 빨아 먹기도 합니다.

소금쟁이

소금쟁이는 봄부터 가을까지 못, 늪, 냇물에서 볼 수 있는 곤충입니다. 소금쟁이는 몸이 가볍고 다리 끝에 난 잔털 사이에 기름기가 묻어 있어서 물 위에 뜰 수 있습니다. 물 위를 미끄러지듯이 돌아다니면서 물에 떨어진 곤충을 잡아먹습니다. 또한 죽은 물고기의 체액도 빨아 먹습니다.

소금쟁이의 다리에 비누칠을 하면 어떻게 될까요? 물은 자신과 같은 성질의 것은 잡아당기고 그렇지 않은 것은 밀어내는 성질이 있습니다. 소금쟁이의 다리에 있는 기름을 물이 밀어내 소금쟁이가 물에 뜰 수 있는데 비누칠을 하면 다리의 기름이 없어져 가라앉게 되지요.

물에 사는 곤충은 어떻게 숨을 쉴까요?

물에 사는 곤충들이 숨 쉬는 방법에는 두 가지가 있습니다. 하나는 물여우나비, 무도래와 같이 아가미를 써서 호흡을 하는 방법이고, 다른 하나는 소금쟁이나 게아제비처럼 공기 중의 산소를 호흡하는 방법이지요. 이 중 게아제비는 꼬리 끝에 달린 빨대를 이용해 공기 중의 산소를 마신답니다.

곤충은 어떻게 짝짓기를 할까요?

중국에서는 4500년 전부터 누에를 키워서 비단을 만들어 냈습니다. 하지만 누에는 오랜 세월동안 사람들과 함께 지내다 보니, 그만 스스로 움직일 수 있는 힘을 잃었답니다. 사람들은 멋진 비단실을 얻기 위해 누에에게 맛있는 뽕잎을 주었고, 새끼 누에들은 겨우 30cm 떨어진 곳에 뽕잎이 있어도 기어가서 먹지 못할 만큼 약해졌지요.

그런데도 누에가 멸종하지 않은 이유가 뭐냐고요? 다행히 수컷 누에나방은 겨우 몇 발짝이지만 움직일 수 있어요. 누에나방의 수컷은 암컷이 풍기는 페로몬이라는 물질을 따라가 짝짓기를 하지요. 많은 나방들이 이렇게 페로몬을 풍겨 이성을 유혹합니다. 페로몬으로 수컷을 유혹하는 다른 곤충으로는 하늘소가 있습니다.

모든 곤충이 페로몬으로 짝을 찾는 것은 아닙니다. 배추흰나비는 눈으로 암컷을 찾지요. 배추흰나비 암컷의 뒷날개 뒷면에는 특수한 색깔이 있거든요. 노랑과 보라가 혼합된 것 같은 색인데, 수컷 배추흰나비는 50cm 정도 거리에서도 이 색을 구별할 수 있습니다. 그래서 수컷은 이 색을 띠는 암컷을 찾아다닌답니다.

제비나비와 남방노랑나비의 수컷은 암컷을 따라오게 한 뒤, 암컷의 앞쪽에서 날아다니며 녹색 날개 일부분을 암컷에게 보여 주어

261

암컷을 유혹합니다. 그러고 나서 암수 나비 두 마리는 함께 춤을 추
듯 날아다니지요. 이 춤이 끝나면 암수 나비는 짝짓기를 합니다.

잠자리도 나비처럼 짝짓기를 하기 전에 함께 날아다니는 결혼
비행을 한답니다. 암수 잠자리가 꼭 붙어서 함께 날아다니며 알 낳
을 장소를 찾는 거지요. 만약 이때 수컷 잠자리가 암컷을 놓치면,
다른 수컷이 날아와서 암컷 잠자리를 빼앗아 가기도 합니다. 그래
서 두 마리는 떨어지지 않으려고 꼭 붙어 있는 거랍니다.

곤충은 어떻게 자신을 보호할까요?

풀밭에 사는 메뚜기와 강가에 사는 메뚜기의 색깔은 같을까요?
다릅니다. 풀밭에 사는 메뚜기는 풀색을 띠지만, 강가에 사는 메뚜
기는 자갈처럼 얼룩덜룩한 회색 날개에 엷은 황갈색을 띱니다. 그
래야 메뚜기를 잡아먹는 새나 다른 무서운 곤충들의 눈을 피할 수
있기 때문입니다.

가을이 되어서 풀이 모두 노랗게 시들어 버리면 풀색의 메뚜기
는 신기하게도 누런 색깔로 바뀐답니다. 이렇게 환경에 따라서 바
뀌는 곤충의 색을 '보호색' 이라고 합니다.

보호색을 가진 곤충들은 곤충들 중에서도 대부분 약한 것들이에
요. 적의 공격을 방어할 무기가 아무것도 없으니, 몸 색깔을 주위

환경과 비슷하게 해서 눈에 띄지 않으려는 것이지요.

어떤 나비는 생명에 관계되는 중요한 기관만 보호색을 띠기도 합니다. 날개처럼 다치더라도 생명에 지장이 없는 부분은 눈에 잘 띄는 무늬가 새겨져 있고, 몸통은 보통 보호색으로 되어 있습니다.

번데기들은 거의 다 보호색을 가지고 있습니다. 번데기는 성충이 될 때까지 꼼짝도 할 수 없으니까, 천적한테 들키지 않도록 말이지요. 그래서 죽은 나뭇가지나 나뭇잎과 비슷한 색깔을 가진 번데기가 많답니다.

그런데 무당벌레는 왜 화려한 색깔을 띨까요? 무당벌레는 무기를 지니고 있으니까요. 어떤 무기냐고요? 무당벌레는 고약한 냄새가 나는 주황색 분비물을 가지고 있습니다. 이런 것을 '방위 분비물'이라고 합니다. 무당벌레를 공격한 새는 이 분비물의 고약한 냄새에 질려서 포기하고 달아나 버린답니다.

보호색으로도 마음을 못 놓아 겉모습과 주위 환경과 똑같이 만드는 곤충도 있습니다. 이런 행동을 '의태'라고 합니다. 의태를 하는 대표적인 곤충으로 나뭇가지와 똑같이 생긴 자벌레와 마른 나뭇잎을 뒤집어 쓴 것 같은 가랑잎나비가 있습니다.

생물과 친해지세요

이 책을 쓰면서 좀 고민이 되었습니다. 과연 누구를 위해 이 책을 쓸 것인지 난감했거든요. 처음에는 대학생과 성인을 대상으로 쓰려고 했습니다. 그러다 생각을 바꾸었습니다. 생물과 관련된 생활 속의 사건이 초등학생과 중학생에게도 흥미 있을 거라는 생각에서였지요.

초등학생과 중학생은 앞으로 우리나라가 21세기 선진국으로 발전하기 위해 필요로 하는 과학 꿈나무들입니다. 그리고 생명과학의 시대에 가장 큰 기여를 하게 될 과목이 바로 생물학입니다. 하지만 지금의 생물 교육은 직접적인 관찰 없이 교과서의 내용을 외워 시험을 보는 형식에 의존하고 있습니다. 과연 우리나라에서 노벨 생리 의학상 수상자가 나올 수 있을까, 하는 의문이 들 정도로 심각한 상황입니다.

　부족하지만 생활 속의 생물학을 학생 여러분들의 눈높이에 맞추고 싶었습니다. 생물학은 먼 곳에 있는 것이 아니라, 우리 주변에 있다는 것을 알리고 싶었습니다.

　생물학 공부는 우리의 주변을 관찰하면서 시작됩니다. 그리고 올바른 관찰은 우리가 생물학의 문제를 정확하게 해결할 수 있게 도와줍니다.